# 迪士尼公主與
# 女生的戰爭

梁庭嘉/著

Disney Princess: Making Wars of Women

# 目　次

# 導言

## 一、研究對象

迪士尼公主（Disney Princess）[1]成立於 2001 年，是迪士尼繼「米老鼠與朋友們」（Mickey and Friends）、「小熊維尼」（Winnie Pooh）之後成立的第三大品牌。與單一明星掛帥不同的是，迪士尼公主屬於集體性品牌，由迪士尼經典動畫中的六位公主組成，依年代遠近分別為白雪公主、灰姑娘[2]、睡美人、小美人魚、《美女與野獸》的貝兒與《阿拉丁》的茉莉公主。六位公主的誕生時間分屬於 1937 至 1959 年、1989 至 1992 年兩大時段，時空橫跨超過半個世紀，前後經歷了迪士尼公司文化、美國社會價值觀與世界局勢的變化，並受到女性意識萌芽的影響，但是，六位公主呈現的不是兩代公主的

---

[1]  英語名及定義根據美國迪士尼官方網站，http://disney.store.go.com/ DSSectionPage.process?Merchant_Id=2&Section_Id=13925&CLK=DS_13 895_NAVL2P3_TXT。

[2]  灰姑娘辛蒂麗拉與美女貝兒是平民而非公主，嫁給王子後成為王妃。由於英語中不論公主或王妃，都是 princess，本書為行文方便，在通論六位女主角時，一律以「公主」表示集體。

面貌，而是六位一體的公關形象，在任何迪士尼公主商品上，六位公主總是隨意排座，沒有固定出場序，沒有主副之分。迪士尼對六位公主安排的人生道路如出一轍，殊途同歸——受苦的弱勢女性由男性拯救，最後兩人結婚幸福過一生——這是身為迪士尼公主的共同胎記。照此條件，1995 年《風中奇緣》（Pocahontas）的印地安公主未被圈選於迪士尼公主群像中，也就不足為奇。因為 Pocahontas 公主胸懷民族大義，毅然選擇留在部落帶領族人，忍痛割捨愛情，與英國情人人各一方，展現英雄兒女的情操。然而，這個完全不按「迪士尼公主程式」[3]塑造出來的 Pocahontas 公主，票房讓迪士尼不免失望，此後 Pocahontas 公主的命運是：2001 年未受迪士尼欽點進入迪士尼公主行列，如今世人也逐漸淡忘之。

　　反觀以迪士尼公主的名義發展出來公主商品包羅萬象，六位公主分進合擊，頻頻現身於 DVD、CD、書籍、雜誌、學齡前教育系列、公主玩偶、玩具、電玩、文具、食品、糖果、飲料、公主服裝及配件、《美女與野獸》音樂劇、灰姑娘城堡秀、與公主合影、和公主約會共進三餐、聽貝兒講故事、冰上迪士尼公主秀和小公主選美賽⋯⋯類別涵蓋影視、音樂、印刷出版、網路、演出、商品、活動等各種形式，上市第一年全球營業收入一點三六億美元，兩年後即迅速激增到

---

[3]　參考本論文第一章第二節。

二十四億美元。2003 年迪士尼公主登陸中國,在上海熱鬧舉辦了公主學院、公主選美……讓一胎化政策下的中國媽媽帶著掌上明珠趨之若鶩。2005 年香港迪士尼樂園開幕,迪士尼商店與香港名店周大福合作,全力促銷「公主方鑽石」以及十八 K 金、鉑金及純銀系列;還舉辦「迪士尼第一家庭」的選舉活動,讓全家人搖身一變成為國王及其家屬;「迪士尼童話式婚禮」則讓一對對新人當了一整天的公主與王子……迪士尼行銷全球的策略完全本土化,進入中國市場則利用中國人根深蒂固的階級情結大發利市。

以文化產業鏈的經營來說,迪士尼的前瞻與宏觀無疑是成功典範,2004 年全年收入超過兩百七十億美元,總資產超過四百三十六億美元,目前為全球第五大娛樂媒體集團,但是迪士尼塑造的公主形象若以女性主義立場檢視之,顯然有諸多值得探討之處。本文探索的出發點最初來自「為什麼迪士尼公主不包含《風中奇緣》的 Pocahontas 公主?」,結果答案就在「為什麼迪士尼公主包括的是白雪公主、灰姑娘、睡美人、小美人魚、美女貝兒與茉莉公主?」

## 二、文獻探討

截至 2005 年為止,中國內地學術論文以迪士尼為研究對象者幾乎闕如,臺灣地區也只有寥寥幾篇。《解構迪士尼形塑

的童話世界——以 1991－2002 年臺灣上映之迪士尼動畫電影為例》[4]探討迪士尼動畫與童話的關係,全文以普羅普理論分析迪士尼動畫的內容結構與人物設定,認為迪士尼動畫雖然利用電影這個傳媒,但還是選擇童話結構——人物善惡分明,主角歷經重重考驗,魔法化解危機,打敗對頭,完成任務,對頭遭受懲罰,王子與公主快樂生活在一起。因此迪士尼動畫儘管題材各異,敘事結構是恆定的。《幻滅的神奇——迪士尼王國的省思》[5]的研究重點分二個層面,一方面探討迪士尼父權思想如何處理女性故事,女性與弱勢族群如何被呈現;另一方面分析迪士尼如何以跨國企業在第三世界國家進行文化和經濟侵略,如何以強勢外來文化透過媒體全力促銷,對其他國家的人民帶來影響。《解讀迪士尼動畫電影中的社會意涵——以 1989－1999 年為例》[6]則從動畫電影的歷史與特色帶出迪士尼動畫王國的發展過程,進而說明電影敘事理論在動畫中如何運用,然後歸納出 1989 至 1999 年間九部迪士尼動畫所反映出來的社會意涵。

---

[4]　傅鳳琴:《解構迪士尼形塑的童話世界——以 1991－2002 年臺灣上映之迪士尼動畫電影為例》,臺灣台東師範學院/兒童文學研究所碩士論文,2002。

[5]　劉于琪:《幻滅的神奇——迪士尼王國的省思》,臺灣中興大學外國語文學系研究所碩士論文,1997。

[6]　李映:《解讀迪士尼動畫電影中的社會意涵——以 1989－1999 年為例》,臺灣中國文化大學新聞研究所碩士論文,1999。

英文文獻較為豐富，但主要為兩大角度：

一、迪士尼如何改寫童話，

二、迪士尼動畫中的性別議題。

譬如〈世上最快樂電影──從文本與語境分析迪士尼如何改造白雪公主、灰姑娘、小美人魚、風中奇緣的童話與傳奇〉（The happiest films on earth: A textual and contextual analysis of how and why Walt Disney altered the fairy tales and legends of 'Snow White', 'Cinderella', 'The Little Mermaid', and 'Pocahontas'）[7]文中認為：當我們對迪士尼動畫做文本、社會、經濟、製片與接受語境的綜合分析，社會文化的力量就浮現了。雖然迪士尼為了跟上時代觀念將公主程式稍稍修正，其實仍不改本色，但也因為這些修正，迪士尼動畫才能於其中反映當下的社會語境。《迪士尼的性別世界──對迪士尼動畫長片以性別主題作內容分析》（The gendered world of Disney: A content analysis of gender themes in full－length animated Disney feature films）[8]以

[7] Pamela Colby O'Brien, "The happiest films on earth: A textual and contextual analysis of how and why Walt Disney altered the fairy tales and legends of 'Snow White', 'Cinderella', 'The Little Mermaid', and 'Pocahontas'", Dissertation of PHD, Indians University, 2002.

[8] Beth Ann Wiersma, "The gendered world of Disney: A content analysis of gender themes in full-length animated Disney feature films", Dissertation of PHD, South Dakota State University, 2000.

定量法發現迪士尼動畫自《白雪公主與七個小矮人》（1937）
到《玩具總動員》（1995）在典型人物的性別塑造上只做些
微更改，譬如：男演員數目依然多過女演員；女性總是家
中勞動角色，沒有外出工作，在家中和社會上沒有權
力……本文以認知社會學和現實社會結構提出理論框
架，解釋迪士尼如何對典型人物進行性別塑造。其他論文
還包括《重新設計一個城鎮——以德國主題打造的美國小
鎮》[9]、《利用孩童——迪士尼與 1930 至 1960 年代美國小
孩的創造》[10]等。

　　與本書主題「迪士尼公主」有直接關係的有兩篇：一
是勞倫‧福克斯（Lauren A. Fax）〈迪士尼的神奇——解咒
迪士尼動畫中的女主角〉（Disney's magic: Dispelling the
myth of the new heroine in Disney's animated fairy tales）[11]，
作者認為迪士尼動畫已取代了傳統童話，並主宰了動畫式
童話世界。但不幸的是，迪士尼動畫與傳統童話一樣，在

[9]　Caroline Theodora Swope, "Redesigning downtown: The fabrication of German-themed villages in small-town America", Dissertation of PHD, University of Washington, 2003.

[10]　Nicholas Stowell Sammond, "The uses of childhood: The making of Walt Disney and the generic American child, 193-1960", Dissertation of PHD, University of California, San Diego, 1999.

[11]　Lauren A Fox, "D isney's magic: Dispelling the myth of the new heroine in Disney's animated fairy tales", Dissertation of Master Degree, Southern Connecticut State University, 1999.

愛情故事中呈現的是父權思想與貶抑女性，尤其 1989 至
1992 年的《小美人魚》、《美女與野獸》與《阿拉丁》，三
部動畫表現的是敘事模式的原型（結婚結局、母親不在場）
與女性角色的原型（養育者、性徵化女人、沉默的女人）。
作者認為：姑且不論迪士尼誤導觀眾認為三位女主角獨立
且堅強，這三部動畫繼續將性別當作一種對女性不利的階
級二元論。

　　另一篇則是〈製造公主系列——以歷史角度看迪士尼動
畫的女主角〉（Producing the Princess Collection: An historical
look at the animation of a Disney Heroine）[12]，作者希樂·L·
鄂西兒（Heather Liea Urtheil）除了批判迪士尼動畫具有明顯
的父權思想外，將迪士尼動畫歷史大分為古典期（1934－
1966）、黑暗期（1966－1985）、復興期（1985－1992）與後
復興期（1992－1997），從縱向研究迪士尼動畫中的女主角，
探索誰在主導製作這些女主角。作者認為：雖然迪士尼古典
期完全由歧視女性的男性主管主導青春期到成年的女性故
事，但是今天女性已經可以成為資深動畫師賦與女主角新生
命，結果還是很膚淺。因此批判迪士尼女主角的重點應放在

---

[12] Heather Leia Urtheil, "Producing the Princess Collection: An historical look
　　at the animation of a Disney Heroine", Dissertation of Master Degree,
　　Emory University, 1998.

檢視製作的過程，探索「公主程式」的發展過程為何？如何
一再被塑造？為何能維持下來？內容為何？有何更改？

## 三、研究方法

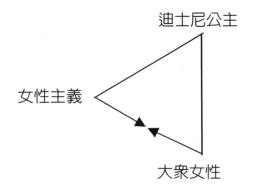

　　本書論述框架由迪士尼公主、女性主義與大眾女性三者
之間的張力構成。第一章首先以普羅普理論（Vladimir Propp
1895－1970）分析迪士尼動畫與原版童話在人物功能上的差
異，然後整理出迪士尼專門製造票房公主的秘方──公主程
式。第二章以女性主義立場批判沃爾特·迪士尼的性別意
識、經營風格以及在他主導下，至今形成迪士尼傳統的公主
形象。第三章由受眾女性的角度切入，以精神分析學與心理
分析學挖掘女性的自戀、公主情結與集體無意識。迪士尼正
是利用這些女性心理，以產業鏈模式將公主形象商品化，成
功獲得女性消費者的支持。在這三角關係中，女性群體因為

迪士尼公主的認同問題產生分裂，大眾女性與精英女性一分為二。

　本書借由探索大眾女性的深層心理，找到迪士尼公主品牌成功的關鍵，而這關鍵恰恰是女性意識發展的障礙。這是本文與其他論文只停留在批判迪士尼公主形象的不同之處。

# 第一章　迪士尼改造公主

我的程式：大家就愛捧場灰姑娘和王子。[1]

——沃爾特‧迪士尼

　　公主題材是中外文本的常客，舉凡電影《羅馬假日》（Roman Holiday）、普契尼（Giacomo Puccini，1858－1924）歌劇《杜蘭朵公主》（Turandot）、宮崎駿動畫《幽靈公主》，甚或瓊瑤小說《還珠格格》……不勝枚舉，西方童話更是俯拾皆是。然而一樣的題材，蘊含的母題（motif）大異其趣，以童話來說，《白雪公主與七個小矮人》談的是虛榮；《灰姑娘》則是嫉妒；《睡美人》的等待；《小美人魚》的慾望；《美女與野獸》的犧牲，以及《阿拉丁與神燈》的貪婪。但是這些童話輪到二十世紀迪士尼手裡，所有舊母題被迫讓位給新母題：愛，迪士尼編劇組專為公主與王子的愛情服務，因為改編者的

---

[1] 轉引自 Heather Leia Urtheil, "Producing the Princess Collection: An Historical Look at the Animation of a Disney Heroine", Thesis, Emory University, 1998, p.2.

不同視野創造了一批新價值觀，例如：膽敢簽下魔鬼契約的小美人魚是因為愛才有勇氣改變自己；阿拉丁的貪婪反而幫助茉莉公主得到愛的自由；美女貝兒犧牲的代價是得到真愛……一旦反映人生難題的舊母題被降格為次標題，也就完全沒有收復失地的機會，因為「愛」不需要分析研究就佔據人心，它是那麼簡單卻饒富意味，古今中外的讀者對它始終樂此不疲。

# 第一節　改寫童話

　　為瞭解迪士尼動畫與原版童話有何差異，在此借助普羅普（Vladimir Propp，1895－1970）理論橫切劇中人物的功能，以敘事學做有效的結構分析。

　　一般人認為童話是最簡單的敘事，然而普羅普於 1928年出版的《童話型態學》（Morphology of the Folktale）卻對後來的結構主義敘事學（constructivist narratology）、七十年代電影敘事學產生了重大影響。普羅普分析了一百個俄國童話，在書中專章闡釋他對童話敘事的新觀點，提出三十一項「劇中人物功能」（the functions of dramatis personae），[2]後人

---

[2] Vladimir Propp, Morphology of the Folktale, University of Texas Press, 1968, p.25-64.

簡稱普羅普理論。普羅普認為人物的功能才是故事的基本要
素，這三十一項功能由七個人物完成，分別是壞人（villain）、
捐贈者（donor）、幫助者（helper）、公主及其父親（princess and
her father）、派送者（dispatcher）、主角（hero）[3]與假主角（false
hero），[4]而功能與人物的分配方式有三個可能：一、行為與角
色相對應；二、單一角色涉及好幾個行為；三、單一行為由
好幾個角色共有。[5]

　　我們從普羅普理論瞭解到，現代許多敘事從童話借用的
不是內容本身，而是結構。[6]因此當我們將《白雪公主與七
個小矮人》、《灰姑娘》、《睡美人》、《小美人魚》、《美女與野
獸》，以及《阿拉丁》六個迪士尼改編的動畫文本套進三十
一項「劇中人物功能」中，仍顯現出普羅普理論的普遍性，
對照原版童話與改編動畫，同一故事，同一人物，同一功
能的異同一目了然，差異之處正是迪士尼動筆更改之處。
（表1）

---

[3]　Hero 在此包括女性及男性主角，故譯為主角，若譯為英雄顯然不妥。

[4]　Vladimir Propp, Morphology of the Folktale, University of Texas Press, 1968, p.79-80.

[5]　ibid. p.80-81.

[6]　亞瑟‧阿薩‧伯傑：《通俗文化、媒介和日常生活中的敘事》，南京大學出版社，2000，頁27。

表 1　普羅普理論與應用

① 《白雪公主與七個小矮人》

② 《灰姑娘》

③ 《睡美人》

④ 《小美人魚》

⑤ 《美女與野獸》

⑥ 《阿拉丁》

| # | 劇中人物功能 | 原版童話 | 迪士尼動畫 |
|---|---|---|---|
| 1 | 家中長輩不在場 | ①開場：白雪公主的母親過世。不久父王再娶。 | ①白雪公主沒有生母，有後母。 |
| | | ②開場：灰姑娘的母親過世。不久父親再娶。 | ②灰姑娘沒有生母，有後母，父親不久過世。 |
| | | ③睡美人十六歲與父母分離，沉睡一百年。 | ③睡美人嬰兒時與父母分離，由三個好仙女撫養至十六歲。 |
| | | ④美人魚沒母親沒父親，但有祖母。 | ④小美人魚沒有母親，也沒有祖母，只有父親。 |
| | | ⑤美女沒有母親，有父親。 | ⑤同左 |
| | | ⑥蘇丹國公主沒有母親，有父親。 | ⑥茉莉公主沒有母親，有父親。 |

| 2 | 對主角提出禁令 | ①小矮人叮囑白雪公主不要讓陌生人進門。 | ①同左。 |
|---|---|---|---|
| | | ②神仙教母要灰姑娘在半夜十二點前趕回家；後母不讓灰姑娘試玻璃鞋。 | ②同左。 |
| | | ③國王下令全國將紡錘收藏起來，以保護睡美人。 | ③三個好仙女叮嚀睡美人不要隨便和陌生人說話。 |
| | | ④人魚祖母勸小美人魚打消做人類的念頭。 | ④人魚父王嚴禁小美人魚暗戀人類王子，下禁足令。 |
| | | ⑤－ | ⑤王子被詛咒成為野獸，自閉於城堡中。 |
| | | ⑥老百姓阿拉丁不可偷看公主出行。 | ⑥茉莉公主不能自由戀愛，必須與鄰國王子成婚。 |
| 3 | 違背禁令<br>壞人出場 | ①白雪公主讓賣貨老婦進門。 | ①同左。 |
| | | ②灰姑娘半夜鐘響才匆忙跳上南瓜車返家。 | ②同左。 |
| | | ③睡美人在宮中長大至十六歲前夕，誤觸紡錘。 | ③睡美人十六歲前夕回宮，誤觸紡錘。 |
| | | ④小美人魚轉向海 | ④同左。 |

| | | | |
|---|---|---|---|
| | | 巫婆求助。 | |
| | | ⑤— | ⑤— |
| | | ⑥阿拉丁偷看公主沐浴。 | ⑥茉莉公主逃婚。 |
| 4 | 壞人企圖偵察 | ①後母皇后問魔鏡：誰是世上最美的人？ | ①同左。 |
| | | ②— | ②後母發現灰姑娘就是王子舞會的公主。 |
| | | ③— | ③壞仙女追蹤睡美人十六年。 |
| | | ④— | ④海巫婆以水晶球追蹤小美人魚與人類王子談戀愛。 |
| | | ⑤— | ⑤加斯頓發現城堡主人是頭野獸。 |
| | | ⑥非洲魔術師尋找神燈下落。 | ⑥賈方派人追蹤茉莉公主。 |
| 5 | 壞人得到受害者資訊 | ①後母皇后在魔鏡中看見白雪公主住在森林小矮人家。 | ①同左。 |
| | | ②— | ②— |
| | | ③— | ③壞仙女的烏鴉發現森林小屋的煙囪冒出仙氣。 |
| | | ④— | ④海巫婆於水晶球看到小美人魚與 |

|  |  |  | 人類王子感情進展神速，極有可能在三日內讓王子愛上她，而能恢復嗓音。 |
|---|---|---|---|
|  |  | ⑤ － | ⑤加斯頓發現美女貝兒愛上野獸。 |
|  |  | ⑥非洲魔術師發現阿拉丁不但沒死，還娶了公主。 | ⑥賈方拘捕阿拉丁；將茉莉公主軟禁宮中。 |
| 6 | 壞人誘騙受害者以得到其所有物 | ①後母皇后誘騙白雪公主試穿蕾絲胸衣、試用毒梳子與吃下毒蘋果。<br>② －<br>③ －<br><br>④海巫婆割下小美人魚舌頭，給她魔藥以長出人腿。<br>⑤ －<br>⑥ － | ①後母皇后誘騙白雪公主吃下毒蘋果。<br>② －<br>③壞仙女迷幻睡美人碰觸紡錘，導致昏迷沉睡。<br>④小美人魚與海巫婆簽下魔鬼契約。<br>⑤ －<br>⑥ － |
| 7 | 受害者被騙 | ①白雪公主中毒。<br>② －<br>③睡美人昏迷百年。<br>④ － | ①同左。<br>② －<br>③睡美人昏迷一天。<br>④ － |

| | | | |
|---|---|---|---|
| | | ⑤ — | ⑤ — |
| | | ⑥ — | ⑥ — |
| 8 | 壞人讓家人受傷害 | ① — | ① — |
| | | ② — | ② — |
| | | ③ — | ③ — |
| | | ④ — | ④小美人魚(續集)父王被海巫婆捆綁並奪去權杖。 |
| | | ⑤ — | ⑤貝兒父親被送進瘋人院。 |
| | | ⑥ — | ⑥茉莉公主父王被賈方催眠。 |
| 9 | 主角被派遣去找尋 | ① — | ①王子尋找森林中唱出美妙歌聲的女孩。 |
| | | ②王子尋找玻璃鞋的主人 | ②同左。 |
| | | ③王子闖進城堡尋找沉睡百年的公主 | ③王子闖進城堡尋找沉睡一天的公主。 |
| | | ④人類王子尋找救命恩人 | ④同左。 |
| | | ⑤ — | ⑤美女獨闖野獸的城堡尋找父親 |
| | | ⑥阿拉丁尋找失蹤的公主與消失的城堡 | ⑥阿拉丁尋找遭賈方軟禁的茉莉公主。 |
| 10 | 找尋者決定對抗 | ① — | ① — |
| | | ② — | ② — |
| | | ③ — | ③王子與壞仙女決 |

| | | | |
|---|---|---|---|
| | | | 鬥。 |
| | | ④ — | ④人類王子消滅假救命恩人、假新娘——海巫婆。 |
| | | ⑤ — | ⑤美女貝兒決定以自己換父親自由。 |
| | | ⑥阿拉丁教公主在非洲魔法師的酒杯裡下毒。 | ⑥阿拉丁教茉莉公主色誘賈方以解決賈方。 |
| 11 | 主角離家出走 | ①白雪公主為了逃命離家。 | ①同左。 |
| | | ② — | ② — |
| | | ③ — | ③嬰兒睡美人被三個好仙女抱走。 |
| | | ④小美人魚想變成人類與王子在一起。 | ④同左。 |
| | | ⑤美女貝兒為救父離家。 | ⑤同左。 |
| | | ⑥ — | ⑥茉莉公主半夜爬牆逃婚。 |
| 12 | 捐贈者（donor）考驗主角；主角自捐贈者得到神奇代理人[7]（magical agent）或幫手 | ① — | ① — |
| | | ②神仙教母賜給灰姑娘南瓜馬車、華服與玻璃鞋 | ②同左。 |

---

[7] 普羅普所謂「神奇代理人」有四類：動物、可變出他物的東西（譬如石頭變出神駒、戒指變出人）、有魔力的東西（如魔劍），以及被賜予的能力（人變成其他物）。參見 Vladimir Propp, Morphology of the Folktale, University of Texas Press, 1968, p.43-44.

|  |  | ③ － | ③睡美人從小在三個好仙女保護下長大；三仙女賜給王子神劍與神盾與壞仙女決鬥。 |
|---|---|---|---|
|  |  | ④海巫婆給小美人魚魔藥，但警告她一旦長出人腿，每一步都像踩在刀刃般痛苦 | ④同左。 |
|  |  | ⑤ － | ⑤仙女化身乞婦向王子乞討，考驗王子愛心；野獸城堡中暗中幫助貝兒的時鐘管家、咖啡杯女僕。 |
|  |  | ⑥阿拉丁藉非洲魔術師指引在山洞取得神燈與魔戒 | ⑥阿拉丁藉非洲魔術師指引在山洞取得神燈與飛毯。 |
| 13 | 主角對捐贈者的回應 | － | － |
| 14 | 主角利用神奇代理人 | ①－<br>②灰姑娘乘著由六隻老鼠變成五匹馬及一個馬夫的南瓜車赴宴。<br>③－ | ①－<br>②同左。<br>③王子以神劍及神 |

| | | | 盾消滅壞仙女。 |
|---|---|---|---|
| | | ④小美人魚喝魔藥長出人腿。 | ④同左。 |
| | | ⑤— | ⑤野獸城堡的時鐘管家及咖啡杯女僕撮合野獸與貝兒。 |
| | | ⑥阿拉丁利用神燈變成王子向公主求婚。 | ⑥阿拉丁利用飛毯載著茉莉公主看到外面世界。 |
| 15 | 主角尋找某物 | ①— | ①王子尋找森林中的美聲女孩。 |
| | | ②王子尋找玻璃鞋主人。 | ②同左。 |
| | | ③— | ③王子尋找森林中的美聲女孩。 |
| | | ④王子尋找救他的女孩。 | ④王子尋找救他而且唱美聲的女孩。 |
| | | ⑤— | ⑤— |
| | | ⑥非洲魔術師從公主手上騙走神燈，阿拉丁去追回。 | ⑥賈方強奪神燈與茉莉公主，阿拉丁去追回。 |
| 16 | 主角與壞人正面交鋒 | ①後母皇后企圖毒死白雪公主，白雪公主中毒。 | ①同左。 |
| | | ②後母施虐灰姑娘，灰姑娘受虐。 | ②後母攜兩個女兒一起施虐灰姑娘，灰姑娘受虐。 |

| | | | |
|---|---|---|---|
| | | ③壞仙女詛咒嬰兒睡美人。 | ③同左；王子為救睡美人與壞仙女決鬥。 |
| | | ④— | ④人類王子發現假新娘就是海巫婆，與之決鬥。 |
| | | ⑤— | ⑤加斯頓藉討伐怪物清除情敵：野獸。 |
| | | ⑥阿拉丁與非洲魔術師爭奪神燈與公主。 | ⑥同左。 |
| 17 | 主角身上有記號 | — | — |
| 18 | 壞人被打敗 | ①— | ①— |
| | | ②— | ②— |
| | | ③— | ③壞仙女被王子消滅。 |
| | | ④— | ④海巫婆被人類王子消滅。 |
| | | ⑤— | ⑤加斯頓與野獸決鬥時自城堡摔落身亡。 |
| | | ⑥非洲魔術師被公主毒死；其弟報仇，又被阿拉丁除去性命。 | ⑥阿拉丁消滅賈方。 |
| 19 | 最初的不幸與匱乏消除 | ①甦醒後的白雪公主與王子完婚，不再寄人籬下。 | ①同左。 |
| | | ②試穿玻璃鞋後， | ②同左。 |

| | | 灰姑娘嫁給王子，不再是女僕。 | |
|---|---|---|---|
| | | ③睡美人終於等到王子前來拯救，不再沉睡。 | ③同左。 |
| | | ④— | ④小美人魚恢復嗓音，以人的身份嫁給人類王子。 |
| | | ⑤美女答應嫁給野獸，野獸還原成人類王子，美女的犧牲馬上有了回報。 | ⑤同左。 |
| | | ⑥阿拉丁由假王子變成真駙馬，不再是街頭混混。 | ⑥同左。 |
| 20 | 主角歸來 | — | — |
| 21 | 主角被追捕 | ①白雪公主被帶到森林暗殺。 | ①同左。 |
| | | ②— | ②— |
| | | ③— | ③睡美人安然長大到十六歲，但還是被壞仙女陷害。 |
| | | ④— | ④— |
| | | ⑤— | ⑤— |
| | | ⑥— | ⑥賈方派人尋找茉莉公主，帶回宮中。 |

| 22 | 主角獲救 | ①白雪公主向獵人求饒，並在小矮人家暫時得到庇護；在玻璃棺中吐出蘋果，甦醒。 | ①同左。 |
|---|---|---|---|
| | | ②— | ②— |
| | | ③王子闖進古堡，睡美人甦醒。 | ③同左。 |
| | | ④— | ④王子消滅海巫婆，小美人魚恢復嗓音。 |
| | | ⑤— | ⑤— |
| | | ⑥— | ⑥茉莉公主為阿拉丁所救。 |
| 23 | 無法認出的主角回家 | — | — |
| 24 | 假主角提出沒根據的要求 | ①後母皇后派獵人將白雪公主帶到森林暗殺，然後挖心臟帶回去。 | ①同左。 |
| | | ②— | ②後母將灰姑娘反鎖閣樓，不讓她下樓試穿玻璃鞋。 |
| | | ③— | ③— |
| | | ④海巫婆說若人類王子最後娶的是別人，小美人魚就會化為海水泡泡而死。 | ④海巫婆要求小美人魚必須在三日內被人類王子親吻，就可恢復嗓音，否則永遠是啞巴。 |

| | | | |
|---|---|---|---|
| | | ⑤ — | ⑤加斯頓脅迫貝兒嫁給他，否則將貝兒父親送進瘋人院。 |
| | | ⑥ — | ⑥賈方要茉莉公主嫁給他，否則取阿拉丁性命。 |
| 25 | 主角被任命艱難任務 | — | — |
| 26 | 任務完成 | — | — |
| 27 | 主角被認出 | — | — |
| 28 | 假主角身份被拆穿 | ①三次向白雪公主兜售的老婦人都是後母皇后。<br>② —<br>③ —<br>④ —<br>⑤ —<br>⑥ — | ①向白雪公主兜售毒蘋果的就是後母皇后。<br>② —<br>③ —<br>④假裝成王子的救命恩人並獲得王子求婚的是海巫婆。<br>⑤ —<br>⑥大臣賈方其實是巫師。 |
| 29 | 給予主角新面貌 | ①白雪公主變王妃。<br>②灰姑娘變王妃，不再衣衫襤褸。<br>③睡美人不再昏迷完全康復。<br>④小美人魚變成人，但是啞巴 | ①同左。<br>②同左。<br>③同左。<br>④小美人魚變成人，先是啞巴， |

| | | | 但後來恢復嗓音。 |
|---|---|---|---|
| | | ⑤貝兒變成王妃。 | ⑤同左。 |
| | | ⑥街頭混混阿拉丁娶了公主變成駙馬。 | ⑥同左。 |
| 30 | 壞人被懲罰 | ①白雪公主的後母皇后鐵鞋著火，痛苦至死。 | ①後母皇后被小矮人追擊，失足掉下懸崖。 |
| | | ②－ | ②－ |
| | | ③－ | ③壞仙女被王子消滅。 |
| | | ④－ | ④海巫婆被王子消滅。 |
| | | ⑤－ | ⑤加斯頓與野獸搏鬥自城堡墜地而亡。 |
| | | ⑥非洲魔術師中毒身亡 | ⑥續集：賈方終被阿拉丁消滅。 |
| 31 | 主角完婚登上王位 | ①白雪公主與王子完婚。 | ①同左。 |
| | | ②灰姑娘與王子完婚。 | ②同左。 |
| | | ③睡美人與王子完婚。 | ③同左。 |
| | | ④小美人魚與王子完婚。 | ④同左。 |
| | | ⑤美女與王子完婚。 | ⑤同左。 |
| | | ⑥阿拉丁與公主完婚。 | ⑥同左。 |

# 一、《白雪公主與七個小矮人》（1937）

　　寫下大量迪士尼專書的鮑勃・湯瑪士（Bob Thomas）在《迪士尼的動畫藝術》（Disney's Art of Animation）一書中提及沃爾特・迪士尼之所以選擇《白雪公主與七個小矮人》作為公司第一部長片，是因為小時候看了馬基萊特・克拉克（Marguerite Clark）的無聲電影《白雪公主》，那是他印象深刻的童年回憶。[8]1934 年，沃爾特・迪士尼向他的高級動畫師華德・金博（Ward Kimball）、馬克・大衛斯（Marc Davis）、奧利・約翰斯頓（Ollie Johnston）、弗蘭克・湯馬士（Frank Thomas）四人表明他決定製作《白雪公主與七個小矮人》（Snow White and the Seven Dwarfs）的理由正是「它是兩種人最愛的故事，一是小孩；二是懷念童年的大人」。[9]但是沃爾特・迪士尼製作的是自己的版本，並非忠於童話的翻拍。其實早在堪薩斯時期（1919－1923），沃爾特・迪士尼就對古

---

[8]　轉引自 Heather Leia Urtheil, "Producing the Princess Collection: An Historical Look at the Animation of a Disney Heroine", Thesis, Emory University, 1998, p.16.

[9]　Heather Leia Urtheil, "Producing the Princess Collection: An Historical Look at the Animation of a Disney Heroine", Thesis, Emory University, 1998, p.16.

典童話的故事情節顯出不屑與嘲弄，認為自己的想法才是創新的。[10]

　　以普羅普理論檢視迪士尼版本，迪士尼對劇中人物的功能除了「家中長輩不在場」之外，並沒有顯著更改，迪士尼改寫的部份是在情節以及人物背景的方面。童話學家傑克・知皮斯（Jack Zipes）在〈打破迪士尼魔咒〉（Breaking the Disney Spell）一文中列出迪士尼《白雪公主與七個小矮人》與格林兄弟《白雪公主》的不同之處：[11]

（一）格林版：白雪公主的母親生產時去世，但父親健在，公主不必像普通人一樣幹活；

　　迪士尼版：白雪公主是無父無母的孤兒，衣衫襤褸幹活。

（二）格林版：王子的角色結尾才出現；

　　迪士尼版：一開場王子騎白馬出現，並被白雪公主的美妙歌聲吸引，開始尋找。

---

[10] Jack Zipes, "Breaking the Disney Spell", From Mouse to Mermaid-The Politics of the Film, Gender, and Culture, Indiana University Press, 1995, p.39.

[11] ibid. p.36.

（三）格林版：皇后嫉妒白雪公主比她美麗；

　　迪士尼版：皇后不但如此，看到王子對白雪公主唱情歌，更加妒火中燒，派人殺她。

（四）迪士尼版：增加了森林中小動物成為白雪公主的朋友並且保護她的情節。

（五）格林版：七矮人沒有名字，是卑微的鐵礦工人；

　　迪士尼版：七矮人各有其名，代表不同個性，熱愛工作又富有，是擁有藏寶洞的鑽石採礦者。

（六）格林版：王子見到玻璃棺裡的少女異常美麗，向小矮人央求將少女送給他。王子僕人抬著玻璃棺不小心絆倒，白雪公主吐出毒蘋果並甦醒，王子親吻她，結婚。

　　迪士尼版：王子來到小矮人家，白雪公主已昏迷，王子親吻她，白雪公主醒來，王子帶她乘上白馬離開。

　　《白雪公主與七個小矮人》歷時三年才完成，三年中動畫師從幾個人擴編到七百五十人，製作預算也從五十萬美元飆到一百四十萬美元，相當於當時製作一部真人電影的兩倍，最後不得不向美國銀行申請貸款，還好 1938 年在紐約音樂城音樂廳首映未演先轟動，電影票銷售一空，媒體也佳評如潮。當時《紐約時報》（New York Times）將該片評為當年十佳電影；《紐約先驅論壇》（New York Herald Tribune）稱它為「少有的靈感藝術之作，在觀眾中掀起了一股不可抗拒的魔力浪潮。[12]」

## 二、《灰姑娘》（1950）

　　迪士尼的《灰姑娘》（Cinderella）是根據十七世紀法國作家查理士‧貝侯（Charles Perrault）的《Cinderella》[13]改編的。貝侯與十九世紀的格林兄弟、安徒生並稱世界三大童話作家，但是由於格林兄弟 1884 年出版《家庭故事集》（Household Tales）收錄了自己改編的《灰姑娘》（Aschenputtel），使得今

---

[12] 邁克爾‧艾斯納：《高感性事業》，中信出版社，2004，頁 136。

[13] Charles Parrault, "Cinderella", 1696, http://216.109.125.130/search/cache? p= ++charles+perrault++cinderella+or+the+little+grass+slipper&ei=UTF- 8&fl=0&u=brebru.com/webquests/fairytales/cindy.html&w=charles+perrault+cinderella+little+grass+slipper&d=7984BF4772&icp=1&.intl=us.

天的讀者以為最早的文本出自格林兄弟之手。其實,格林版
《灰姑娘》穿的是金鞋,後人印象深刻的南瓜車和玻璃鞋全
是貝侯的傑作。迪士尼改寫如下:

(一)家中長輩不在場(♯1)

　　開場白交代父親再婚,但不久過世,因此辛蒂麗拉是連
續失去母親、父親的孤兒。

(二)主角與壞人正面交鋒(♯16)

　　加強繼母與繼姐的施虐與灰姑娘的受虐。貝侯版中,後
母雖然要辛蒂麗拉做女傭,但後母只在開場出現,兩個姐姐
也好心地問過辛蒂麗拉是否要參加舞會。迪士尼版:繼母從
頭到尾帶著兩個女兒奴役辛蒂麗拉。

(三)假主角提出沒根據的要求(♯24)

　　繼母與繼姐聯手阻撓灰姑娘參加宴會,增加其工作量、
破壞禮服,還將她反鎖閣樓不讓她試穿玻璃鞋等。

## （四）改變辛蒂麗拉個性

　　讓辛蒂麗拉成為一個完全沒心眼的純善女孩，一切逆來順受，遭遇困難只能到媽媽墳上哭泣；一路靠貴人幫忙：小動物幫她改造媽媽的舊禮服，神仙教母為她變出馬車與華服，小動物幫她偷閣樓鑰匙等；沒有試探姐姐或是獨自暗忖的心機；唯一著急的是如果不能下樓試鞋，就無法嫁給王子。

　　《灰姑娘》的票房空前勝利，大大超過了《白雪公主與七個小矮人》。根據現任迪士尼主席兼執行官邁克爾・艾斯納（Michael Eisner）在其自傳《高感性事業》（Work in Progress）所言：《白雪公主與七個小矮人》的製作費一百四十萬美元，首映票房八百五十萬美元；而《灰姑娘》製作費三百萬美元，首映票房高達兩千多萬美元。《灰姑娘》讓迪士尼在經濟舉步維艱時，為公司帶來財運。[14]

# 三、《睡美人》（1959）

　　迪士尼根據法國十七世紀查理・貝侯的《森林中的睡美人》（The Sleeping Beauty in the Woods）改編成《睡美人》（Sleeping

---

[14] 邁克爾・艾斯納：《高感性事業》，中信出版社，2004，頁 163-164。

Beauty）[15]，原法語版（La Belle au bois dormant，1696）收錄在貝侯《鵝媽媽故事集》（Contes de ma Mère l'Oye）中。[16]迪士尼動畫將英語版貝侯版本[17]改編如下：

（一）家中長輩不在場（＃1）；主角離家出走（＃11）

　　三位好仙女為了避免女嬰（睡美人）遭到詛咒，偷偷將女嬰抱走，帶到深山木屋裡，從此喬裝成窮婦人，將睡美人養育成人，因此睡美人在沒有父親母親的童年中長大。

（二）對主角提出禁令（＃2）

　　三位好仙女為避免壞仙女追蹤睡美人行蹤，從小叮囑睡美人出外不要和陌生人交談。

---

[15] 參考迪士尼《睡美人》DVD 片尾字幕。

[16] 雪登・凱許登：《巫婆一定得死──童話如何形塑我們的性格》，張老師文化出版社，2004，頁 23。

[17] 英語版由 Judith Bronte 根據法語版編譯，http://acacia.pair.com/Acacia.Vignettes/Happily.Ever.After/Sleeping.Beauty.html。

（三）違背禁令、壞人出場（＃3）；壞人誘騙受害者以得到
　　　其所有物（＃6）；受害者被騙（＃7）

　　睡美人十六歲生日前夕被三位好仙女送回宮中，不料當
夜就被壞仙女施魔法，不知不覺往宮中偏僻的庫房走去而誤
觸紡錘。

（四）壞人企圖偵察（＃4）；壞人得到受害者資訊（＃5）

　　壞仙女十六年來鍥而不捨地追查睡美人下落，終於由部
下烏鴉傳來消息，發現森林小屋的煙囪冒出仙氣。（當時三位
好仙女正為睡美人準備生日宴會。）

（五）找尋者決定對抗（＃10）；捐贈者考驗主角、主角自捐
　　　贈者得到神奇代理人（＃12）；主角利用神奇代理人（＃
　　　14）；主角與壞人正面交鋒（＃16）；壞人被打敗（＃
　　　18）；壞人被懲罰（＃30）

　　王子接受三位好仙女賜予的神劍與神盾，為救睡美人與
壞仙女大對決，壞仙女被王子消滅。

## （六）只昏睡一天

　　三位好仙女將睡美人安置高塔中，並讓皇宮中所有人全睡著了（包括國王與王后），不讓人打擾睡美人。王子消滅壞仙女後進入高塔拯救睡美人，睡美人甦醒。

　　《睡美人》於 1959 年首映並不成功，觀眾對它沒有很強的印象，它之所以現在名列迪士尼經典動畫之一，完全拜迪士尼在多年後的 1986 年兩項重大決策所賜：一、戲院重映；二、發行錄影帶。[18]由於 1950 年起，沃爾特・迪士尼的事業重心轉向更大的夢想——「籌建迪士尼樂園」，投注在動畫上的心力明顯少得多，1955 年加州迪士尼樂園盛大開幕後四年，《睡美人》才千呼萬喚始出來，歷時漫長的九年，製作費高達六百萬美元，票房卻只有七百七十萬美元，沃爾特・迪士尼當時就說了「我被套住了」、「這是個昂貴的失敗」[19]兩句承認失敗的話。關鍵影響是：《睡美人》之後，沃爾特・迪士尼對公主題材失去了興

---

[18] 參考《高感性事業》，頁 174。《睡美人》共售出一百三十萬盒錄影帶。1998 年《灰姑娘》錄影帶售出六百萬盒，進帳一億美元，重映票房三千四百萬美元。

[19] 轉引自 Heather Leia Urtheil, "Producing the Princess Collection:An Historical Look at the Animation of a Disney Heroine", Thesis, Emory University , 1998, p.30.

趣，雖然偶爾想到《美女與野獸》等題材，但一想到《睡美人》
帶來的噩夢，就舉步不前了。1966 年沃爾沃・迪士尼過世後，
迪士尼動畫部門上下一片茫然，迪士尼元老之一的華特・金
博（Ward Kimball）就曾說：「我們現在要做什麼呢？」[20]

　　沃爾特・迪士尼生前放棄的路線，過世後自然不會有
人再提。此後二十多年，迪士尼的事業重心全在動畫以外，
譬如沃爾沃・迪士尼世界、迪士尼樂園、真人電影、迪士
尼電視頻道……再也沒有經典動畫作品，對迪士尼來說，
猶如一段動畫黑暗期。

## 四、《小美人魚》（1989）

　　1984 年，艾斯納到迪士尼任職首席執行官半年，在公司
內部設立銅鑼秀（Gong Show），讓每個藝術家各提六個點
子，目的是廣招創意以重振迪士尼動畫雄風。第一次選秀中，
艾斯納看到羅恩・克萊門茨（Ron Clements）改編安徒生《小
美人魚》，眼睛為之一亮。

　　《小美人魚》（The little Mermaid）[21]原是安徒生（Hans
Christian Anderson，1805－1875）於 1837 年出版《講給孩

---

[20]　ibid. p.31.
[21]　Hans Christian Anderson, "The little Mermaid", 1837, http://hca.gilead.
org.il/ li_merma.html.

子的童話》第一集第三冊中的故事之一，是一部相當憂傷的童話，但是克萊門茨將它改編成一齣大團圓的喜劇。改寫如下：

（一）家中長輩不在場（＃1）

刪除人魚祖母的角色。因此沒有母親、沒有祖母的小美人魚產生人生困惑時，沒有正面女性家長的開導。

（二）對主角提出禁令（＃2）

人魚父王以父權壓制小美人魚對人類王子的暗戀，下禁足令。

（三）壞人企圖偵察（＃4）；壞人得到受害者資訊（＃5）

海巫婆以水晶球看到小美人魚與人類王子感情進展神速，極有可能在三日內讓王子愛上，於是心生破壞之計。

（四）假主角提出沒根據的要求（＃24）

海巫婆在魔鬼契約上表明，若啞巴小美人魚能在三日內讓王子吻上，而且順利嫁給王子，那麼就可恢復嗓音。如果王子到頭來娶的不是小美人魚，小美人魚只有死路一條。

（五）找尋者決定對抗（＃10）；主角與壞人正面交鋒（＃16）；壞人被打敗（＃18）；主角獲救（＃22）；假主角身份被拆穿（＃28）；壞人被懲罰（＃30）

　　人類王子在婚禮上發現假新娘就是害小美人魚的海巫婆，還偽裝成救王子的人，決定拆穿海巫婆的真面目，並消滅了她，同時恢復了小美人魚的嗓音。

（六）加進父親海王角色

　　由於小美人魚對人類很感興趣，收藏很多船難留下的人類用品，後來更單戀人類王子，很想成為人類的一份子，父親海王勸誘無效，憤而將小美人魚心愛的人類王子雕像和其他收藏全部打碎，小美人魚怨恨父親憤而逃家，在海巫婆引誘下轉向海巫婆求助。

（七）賦予海巫婆性慾與嫉妒心

　　當小美人魚問海巫婆如果她不能說話、不能唱歌，如何讓王子愛上她？海巫婆教她用臉蛋、身體語言色誘王子，並以魔力激起小美人魚的青春期性慾。可是當海巫婆發現小美

人魚與王子兩人感情進展神速時，嫉妒之火油然而生，化身為擁有美妙歌聲的女孩引誘王子，王子以為找到了那位唱美聲的女孩，於是向海巫婆求婚。

　　艾斯納看完劇本後，第二天迪士尼三巨頭（Team Disney）[22]拍板決定以這個版本籌拍《小美人魚》。1989年殺青時，艾斯納回憶道「我們都很興奮，幾乎所有人都相信《小美人魚》會打動少女的芳心」[23]。果真如他所料，該年十一月《小美人魚》公映，美國總票房收入八千四百萬美元，這個數字帶來不尋常的意義是：「這是迪士尼動畫自沃爾特·迪士尼過世以來第一個掙錢的動畫，也是迪士尼後來接著製造大批少女角色以證明這模式成功的第一個人物。」[24]。更具體地說，1989年，迪士尼誓言復興動畫片的夢想宣告成功。

---

[22] 於1984年形成，包括迪士尼集團主席兼首席執行官 Michael Eisner、迪士尼集團總裁 Frank Wells、迪士尼影業公司總裁 Jeffery Katzenberg 三人。

[23] 邁克爾·艾斯納：《高感性事業》，中信出版社，2004，頁170。

[24] Laura Sells, "Where does the mermaid stand?", From Mouse to Mermaid-The Politics of the Film, Gender, and Culture, Indiana State University Press. 1995, p.175.

## 五、《美女與野獸》（1991）

　　《美女與野獸》（La Belle et la Bête）的口頭傳說源自幾
百年前的法國，經過後人不斷改寫，如今的《美女與野獸》
已和最早的故事不太相同。根據 Arne Thompson 的收集，目
前全球共有一百七十九個故事類似《美女與野獸》，雖然最早
的文字版本是薇蘭納芙夫人（Madame Gabrielle- Suzanne
Barbot de Gallon de Villeneuve，1695－1755）在法國沙龍創作
的，[25]但是大家最熟悉的則是十八世紀褒曼夫人（Madame
Leprince de Beaumont，1711－80）的版本，[26]也正是迪士尼
動畫根據的版本。早在六十年代，迪士尼的部門經理就曾建
議沃爾特·迪士尼再做動畫片，但是他意興闌珊地說：「如果
要做，只有兩個故事我有興趣，其中一個是《美女與野獸》」[27]。
1989 年，迪士尼因《小美人魚》光復了動畫界的龍頭地位，
才又對《美女與野獸》有興趣，並特意將劇本交給琳達·伍
芙頓（Linda Woolverton）執筆。

---

[25]　參考 http://www.balletmet.org/Notes/StoryOrigin.html#anchor216012。

[26]　褒曼夫人的英語版參考。http://www.balletmet.org/Notes/StoryOrigin.html
#anchor216012。

[27]　轉引自 Heather Leia Urtheil, "Producing the Princess Collection:An
Historical Look at the Animation of a Disney Heroine", Thesis, Emory
University, 1998, p.51.

　　伍芙頓是迪士尼創業以來聘用的第一位女性動畫編劇，她是土生土長的美國女性，擁有加州州立大學弗萊頓（Flerton）分校的電影碩士學位，1980 年開始從事真人影視作品的編劇工作，曾寫過兩本有關年輕人題材的小說，因為其中一本小說引起了迪士尼高層的興趣，1989 年特聘她進入《美女與野獸》的工作團隊。伍芙頓整整花了一年多的時間全力投入寫稿與修稿中，如此大費心力是因為她自認必須「知道現在的小孩有多精明、確定故事性是否夠強、人們是否能和故事有所關聯性、故事有沒有性別歧視」[28]。

　　但是艾斯納在《高感性事業》一書中卻洩露出他並不滿意伍芙頓的劇本，並找人操刀改本子。他自述：

> 經過一年的緊張工作，我們才完成了該片的劇本。看過頭二十分鐘的故事梗概後，我們都明顯感覺不行。電影太灰暗傷感，讓人難以接受[29]。

　　艾斯納在書中連這位迪士尼首位女性編劇的大名都沒提及，只提後來他們另請高明的人，就是《小美人魚》的製作人兼編曲家霍華德・阿什曼（Howard Ashman）和老搭檔艾倫・門肯（Alan Menken）。阿什曼是個多才多藝的人，兼具勵志作家、民歌手、作曲家三種身份，而且從小就是迪士尼

---

[28] ibid .p.53.
[29] 邁克爾・艾斯納：《高感性事業》，中信出版社，2004，頁 180。

迷，他和門肯因《小美人魚》的主題曲《大海深處》（Under The Sea）榮獲奧斯卡最佳音樂獎，對迪士尼重振動畫雄風功不可沒，因此深獲迪士尼高層賞識。他將《美女與野獸》重新構思為音樂劇，並且認為「故事不應從美女的角度講敘，應從野獸的角度出發……並將加斯頓從一個空洞的紈絝追求者變成一隻粗魯的大男人主義的豬。[30]可見伍芙頓原本是以美女的角度發展劇情的。迪士尼版本改寫如下：

（一）對主角提出禁令（＃1）；捐贈者考驗主角（＃12）

　　開場白交代王子為何成為野獸：仙女化身乞婦向王子乞討，考驗王子愛心，結果王子因毫無惻隱之心被詛咒成野獸，如果到了二十一歲野獸未能找到一個願意愛野獸的女孩，它將永遠無法恢復人形。自從被詛咒，野獸羞於見人，自閉於城堡中。

---

[30]    邁克爾・艾斯納：《高感性事業》，中信出版社，2004，頁 181。

（二）壞人企圖偵察（＃4）；壞人得到受害者資訊（＃5）

　　大男人加斯頓發現城堡主人是頭野獸，而且意中人貝兒居然愛上牠。

（三）壞人讓家人受傷害（＃8）；假主角提出沒根據的要求（＃24）

　　加斯頓威脅貝兒嫁給他，貝兒不肯，於是硬將貝兒父親送進瘋人院。

（四）主角被派遣去尋找（＃9）；找尋者決定對抗（＃10）

　　貝兒為救父獨闖城堡，並和野獸談妥條件，以自己交換父親。

（五）主角自捐贈者得到神奇代理人（＃12）；主角利用神奇代理人（＃14）

　　野獸孤僻易怒又不知如何討好貝兒，城堡的時鐘管家、咖啡杯女僕暗中撮合雙方。

（六）主角與壞人正面交鋒（＃16）；壞人被打敗（＃18）；
壞人被懲罰（＃30）

　　加斯頓藉討伐怪物清除情敵野獸，但在決鬥中自城堡
摔落身亡。

（七）美女貝兒不愛家，嚮往出走

　　貝兒愛讀書，但鄉下人在背後指指點點，說她是古怪
女孩（funny girl），於是一心嚮往離開這個無人瞭解她的小
鄉村。但是貝兒看的書除了童話還是童話，她想和人分享
的是《傑克與豌豆》，最喜歡的是《美女與野獸》，要看第
三遍的也是《美女與野獸》，最著迷的情節是野獸突然變成
王子，美女終於和王子在一起。

（八）被人譏笑的窮父親

　　滿腦異想天開的父親喜歡發明新機器，奇怪行徑被村人譏笑
為瘋子，唯獨女兒貝兒始終相信父親有發明天分，儘管家境不
佳，仍然照顧父親，鼓勵父親繼續發明，最後還代替父親被軟禁
在野獸城堡中，但是被釋放的父親卻一籌莫展，無力解救女兒。

## （九）增加加斯頓角色

加斯頓是鄉村的惡霸，肌肉發達，自命瀟灑又自戀，全村女人都為之瘋狂，唯獨貝兒不感興趣。他曾經搶走貝兒手上的書扔到污水灘，並以大男人方式要貝兒嫁給他，做他的小妻子（little wife）。

## （十）貝兒自己與野獸談條件

貝兒為救父闖進城堡，野獸在黑暗中出現，表示她可以代替父親留下，貝兒看清講話者的面貌後驚嚇過度。即便如此，為了救父，貝兒還是忍痛答應條件。是夜，她在地窖中哭泣自己將永遠失去父親和冒險的夢想。

## （十一）野獸給貝兒優渥生活

玫瑰，自希臘羅馬以來一向代表鋪張奢侈的享受[31]。但是迪士尼賦予玫瑰神聖的意義──愛。貝兒被野獸軟禁宮殿中，每天錦衣玉食，多名傭人供她使喚，還接受野獸送她一

---

[31]　參考 http://www.balletmet.org/Notes/StoryOrigin.html#anchor216012。

座超級圖書館，使得「愛讀書」的貝兒受寵若驚。然而書是最精神的物質，貝兒成為上千本書的情婦。[32]

## （十二）美女拯救野獸

加斯頓率全村人討伐野獸，貝兒從家中趕到城堡，打鬥中的野獸一見到貝兒，馬上恢復抵抗的意志，雖然負傷仍打敗加斯頓，由於得到貝兒的愛，野獸立刻變回人形，貝兒驚喜，最後兩人在城堡舉行盛大婚禮。

《美女與野獸》勢如破竹，公映不久票房就超過了前一部成功之作《小美人魚》，最終全美票房破億，高達一點四五億美元。最引人注目的是它是第一部獲得奧斯卡最佳電影提名的動畫片，最後還一舉奪得奧斯卡最佳電影配樂與最佳歌曲獎雙料獎項。

# 六、《阿拉丁》（1992）

一般人以為迪士尼《阿拉丁》（Aladdin）是根據佚名作者的《一千零一夜》（One Thousand and One Nights）之《阿

---

[32] 參考 http://www.balletmet.org/Notes/StoryOrigin.html#anchor216012。

拉丁與神燈》（Aladdin and the Wonderful Lamp）[33]改編的，但是迪士尼在片頭／片尾完全沒有注明故事出處[34]，反而直接列出編劇為羅恩‧克萊門茨[35]等四人。雖然迪士尼劇本有其創新之處，但與《阿拉丁與神燈》劃清界限，終究無法令人信服。迪士尼改寫如下：

**（一）對主角提出禁令（＃2）**

　　茉莉公主不可以自由戀愛，必須與鄰國王子完婚。

**（二）違背禁令（＃3）；主角離家出走（＃1）**

　　茉莉公主寧願不做公主，半夜爬牆逃婚。

**（三）壞人企圖偵察（＃4）；壞人得到受害者資訊（＃5）**

　　大臣賈方派部下追蹤茉莉公主去向，發現她在市集結識平民阿拉丁，於是拘捕阿拉丁，並將公主帶回宮。

---

[33] 英語版參考 http://www.pagebypagebooks.com/Unknown/Aladdin_and_the_ Wonderful_Lamp/Aladdin_and_the_Wonderful_Lamp_p1.html。

[34] 迪士尼《花木蘭》（Mulan，1998）亦未交代原創故事出處。

[35] 即《小美人魚》的編劇。

（四）壞人讓家人受傷害（＃8）

　　茉莉公主的父王被賈方架空，並以催眠術矮化蘇丹王的智慧，成為被賈方（Jafar）控制的傀儡國王，當茉莉公主被賈方軟禁時，父王也無力解救。

（五）主角被派遣去尋找（＃9）；主角尋某物（＃15）

　　阿拉丁四處尋找遭賈方軟禁的茉莉公主，以及被賈方搶奪的神燈。

（六）找尋者決定對抗（＃10）；壞人被打敗（＃18）；主角
　　　獲救（＃22）

　　阿拉丁找到茉莉公主後，教公主色誘賈方，再由他解決賈方，救出公主。

（七）主角自捐贈者得到神奇代理人（＃12）；主角利用神奇
　　　代理人（＃14）

　　阿拉丁由非洲魔術師指引在山洞取得神燈與飛毯，後來以飛毯載公主看到外面世界。

## （八）假主角提出沒根據的要求（＃24）

賈方要茉莉公主嫁給他，否則取阿拉丁性命。

## （九）假主角身份被拆穿（＃28）

大臣賈方其實是個巫師。

## （十）公主個性化

茉莉公主不接受包辦婚姻，選擇自己所愛的人，儘管阿拉丁是偷麵包、蘋果和金幣的小偷，被人叫過街老鼠（street rat），後來還偽裝成某國王子來提親，被賈方拆穿還原成街頭混混，公主還是要嫁給他。

## （十一）增加男性負面人物

賈方表面上是蘇丹王的大臣，但是面具下是個心術不正、慾望強烈的巫師，他催眠蘇丹王、欺騙阿拉丁、搶奪神燈，並企圖佔有公主。

## （十二）街頭混混變成英雄

　　茉莉公主在市集上被小販追討蘋果錢，由阿拉丁解圍；
能飛上天看到外面的世界，是因為阿拉丁的魔毯；從賈方的
軟禁中逃出，多虧阿拉丁拯救……

　　《阿拉丁》是九十年代初「美國為發展多元文化和政治
正確的產物，也是迪士尼首次嘗試以非歐洲文化作為動畫題
材，但它在表現種族形象和伊斯蘭文化的意識形態上都有問
題」[36]。艾斯納在製作期間也顯得憂心重重，他在自傳中表示：
拍一部以中東為背景的電影讓他有些不安，因為那是他不熟
悉的世界。直到後來請到超級諧星羅賓‧威廉斯（Robin
Williams）為神燈精靈配音，才讓艾斯納有了信心，並相信《阿
拉丁》會與眾不同。果然 1992 年《阿拉丁》造成轟動，艾
斯納事後歸結《阿拉丁》成功的原因是：既有異國情調又貼
近群眾，打動人心又非常有趣，是一部男女老少都適宜的電
影。[37]

---

[36]　轉引自 Heather Leia Urtheil, "Producing the Princess Collection: An Historical
　　　Look at the Animation of a Disney Heroine", Thesis, Emory University,
　　　1998, p.49.

[37]　邁克爾‧艾斯納：《高感性事業》，中信出版社，2004，頁 182-183。

# 第二節 公主程式

縱觀迪士尼六位公主，發現迪士尼如何打造公主其實有跡可循。

沃爾特·迪士尼決定製作《白雪公主與七個小矮人》時，曾向動畫師表示他認為一部大片的要素是「美麗動人的女主角、駭人聽聞的反面人物、風趣幽默的典型故事情節」[38]。如今看來，這三點可說是他對迪士尼公主動畫的最高指導原則。1950 年他更明白說出「程式」（formula）一詞，原文是「我的程式是：大家就愛捧場灰姑娘和王子」[39]（My formula: people always like to root for Cinderella and prince.）。其實《灰姑娘》的程式是從《白雪公主與七個小矮人》傳承下來的，除了內容外，兩者在形式上有不少共性，譬如開場白採用翻開童話故事書的方式，故事書的首頁首句就是「很久很久以前」（once upon a time）……由於《灰姑娘》的首映票房超過

---

[38] 邁克爾·艾斯納：《高感性事業》，中信出版社，2004，頁 162。

[39] 轉引自 Heather Leia Urtheil, "Producing the Princess Collection: An Historical Look at the Animation of a Disney Heroine", Thesis, Emory University, 1998, p.2.

《白雪公主與七個小矮人》一倍之多，這種刷新紀錄的勝利
足以讓沃爾特・迪士尼確定兩件事：一、觀眾喜愛公主與王
子題材；二、公主程式的有效性。因此，迪士尼繼續走公主
路線，果然九年後，第三位公主《睡美人》登場。

　　歸納公主程式與研究角度息息相關，因此產生不同的
結果。

## 一、公主程式 A

　　勞倫・福克斯（Lauren A. Fox）在《迪士尼神奇──拆
解迪士尼動畫女主角的神話》（Disney's Magic: Dispelling The
Myth of The New Heroine in Disney's Animated　Fairy Tales）
從情節上分析迪士尼六部公主動畫的共性，她認為迪士尼循
著某一成功模式套在六部公主動畫中，每部動畫只做小部份
的更改，忠實維持父權強迫約束女性的意識形態。她指出迪
士尼的公主程式[40]為：

　　1. 受壓迫的女人；

　　2. 迷人的王子；

　　3. 死於自身邪惡的壞人；

---

[40] Lauren A. Fox, "Disney's Magic: Dispelling the Myth of The New Heroine in Disney's Animated Fairy Tales", Thesis. Southern Connecticut State University, 2000, p.23.

4. 不在場的母親；

5. 可愛的動物；

6. 漫畫的配角角色；

7. 愛是女主角對抗邪惡的解毒劑。

## 二、公主程式 B

希樂・L・鄂西兒（Heather Liea Urtheil）〈製作公主系列——以歷史角度看迪士尼動畫的女主角〉（Producing the Princess Collection: An Historical Look at the Animation of a Disney Heroine）一文緊盯迪士尼動畫與原版童話的差異，找出迪士尼在視聽上為童話公主添加的元素，分析這些元素的意義、目的與影響。她將迪士尼動畫歷史大分為古典期（1934－1966）、黑暗期（1966－1985）、復興期（1985－1992）與後復興期（1992－1997）。由於她的發現散落全文各處，重點整理為兩大點：

### （一）公主的身體

舞蹈演員，是迪士尼特別為白雪公主、灰姑娘和睡美人指定的真人模特兒。根據鄂西兒考察的史料，白雪公主由洛杉磯舞蹈教練之女瑪裘瑞・貝奇（Marjorie Belcher）擔任；

職業舞者海倫・史坦利（Helene Stanley）則是灰姑娘和睡美人的模特兒。由於舞蹈演員身材修長、比例勻稱、舞姿曼妙、步履輕盈、舉手投足有韻律感，我們看到白雪公主在森林中高歌翩舞的模樣，宛如好萊塢歌舞片的女主角；灰姑娘則是幹再多粗活仍然手臂纖細、窈窕動人。

到了八十至九十年代，迪士尼改變作法，扮演美女貝兒和小美人魚的雪麗・史東納（Sherri Stoner）與扮演茉莉公主的羅碧娜・利齊（Robina Ritchie）都不是舞蹈演員，而是身材性感、曲線玲瓏的年輕女性，這種條件讓小美人魚穿上貝殼比基尼顯露出美胸與蠻腰；茉莉公主則以阿拉伯肚臍裝展露豐滿胸圍與圓潤臀圍，以順利施展美人計，即使她說過「我又不是獎品」這句話。至此，白雪公主的被動優雅被茉莉公主的主動魅力完全取代：

> 迪士尼把公主塑造成一種視覺奇觀，讓公主的身體性徵越來越明顯……公主越主動，自我意識越強，性徵也越明顯，越被對象化。[41]

鄂西兒認為在迪士尼古典期中，公主雖然無法逃脫父權制的框框，反而不必被父權制視覺美學控制，因為善良女孩將

---

[41] Heather Leia Urtheil, "Producing the Princess Collection: An Historical Look at the Animation of a Disney Heroine", Thesis, Emory University, 1998, pp.99-100.

來要為人妻，不能表現性感，只有壞女人才性徵化（sexualize）。但到了復興期，公主已有女性意識，知道自己可以利用身體性徵得到目的。結果，越來越性徵化的迪士尼公主是父權思想和野心女性一起合作的產物。[42]

## （二）夢想之歌

迪士尼公主的歌詞只有唯一主題：夢與希望。

白雪公主被森林小動物圍繞時唱著：「期盼一個我愛的人今天就發現我，我希望、夢想他會說出美好的事……有一天我的夢想會實現。」

灰姑娘被兩位後母的女兒當女傭般差來喚去，仍然滿懷信心唱道：「她們不能阻止我夢想，不管內心多沮喪，只要繼續相信夢想，一切就會成真。」當王子出現時，她改唱：「這就是我的夢想奇蹟，這就是愛……我認識你，在夢中我們曾一起散步。」

睡美人在森林中採莓，唱道：「我常想，我常想，是否歌聲會帶來一個人，給我一曲愛的樂章。」當她與小鳥們扮成的男伴翩翩起舞時唱著：「我認識你，我曾在夢中與你漫步；

---

[42] ibid, pp.100-102.

我認識你，你的眼神是如此熟悉……你與我一見鍾情，就如夢中一般。」

小美人魚躲在藏寶洞玩著從海難船隻撿來的人類用品，感歎地唱：「盼望我能成為人類世界的一份子。」邂逅人類王子後改唱：「盼望能成為你的一部份。」也就是從 part of that world 轉變成 part of your world。

美女貝兒覺得與鄉下人格格不入，經常一個人散步到小山丘，遠眺巍峨的城堡唱著：「我要冒險去某個地方，比這鄉下生活更豐富的地方」。

茉莉公主坐上阿拉丁的魔毯遠飛千里之外大開眼界，看到皇宮外的美麗新世界，心懷感激地和阿拉丁對唱：「現在我和你在一個全新的世界……再也不想回到以前的地方。」

## 三、公主程式 C

筆者認為，迪士尼佈局的公主身世充滿著精神分析學的暗示，這些人為的安排成為公主先天的宿命，深深牽引公主的人生，不論沃爾特・迪士尼一手孕育的白雪公主、灰姑娘、睡美人，還是九十年代的小美人魚、美女貝兒、茉莉公主皆然。茲歸結如下：

## （一）母親不在場

　　首先，迪士尼將公主與母親的關係完全切除，譬如一筆刪掉了白雪公主母親難產死亡的故事開頭；選擇貝侯版《灰姑娘》而不選擇格林版，因為格林版《灰姑娘》第一幕是灰姑娘的母親長期臥病，彌留之際交代遺言，要她做個好女孩，母親會在天堂保佑她；取消了諄諄教誨、一手帶大小美人魚的人魚祖母角色……就這樣，白雪公主、灰姑娘、睡美人、美女貝兒、小美人魚和茉莉公主的共性是沒有母親。儘管灰姑娘和睡美人有神仙教母（godmother）暗中幫助，但是六位公主在少女階段不是自己摸索，就是只有唯一的男性家長「父親」可以依偎，是故意安排的情節，而非偶然之作。當公主在絕對父權的家庭中長大，正面女性家長對她的影響也就少之又少。「迪士尼藉著母親不在場的情節將公主塑造成什麼都不是（nothing）的角色，她在沒有正面女性家長引導的世界中和男人獨處，自己也就無能為力。」[43]依照精神分析大師西格蒙特·佛洛伊德（S.Freud，1856－1939）論《女性心理》，女孩三至五歲會對母親產生初戀，也就是「前俄底浦斯情結」

---

[43] Lauren A. Fox, "Disney's Magic: Dispelling the Myth of The New Heroine in Disney's Animated Fairy Tales", Thesis. Southern Connecticut State University, 2000, p.4.

（pre-oedipus complex）[44]；但是如果女孩慢慢長大仍無法解決戀母情結並離開母親，就無法蛻變為成熟女人投向男人得到婚姻幸福。也就是「為了能脫離母親的制約，一個人[45]必須發展男性氣質（animus）」[46]，也就是年輕女性必須經過象徵性弒母的過程，才能學習與男性建立關係。於是迪士尼提前為六位公主弒母，讓她們早早與男性有關係。

## （二）父親無能為力

在佛洛伊德論兒童性慾中，女孩在三到五歲期間發現自己和男孩不同，出於對陽具的羨慕（penis envy），之後開始由戀母轉向戀父[47]，也就是進入俄底浦斯情結（oedipus complex），想確保異性父母（即父親）對自己的愛與關注，甚至將母親視為情敵。

然而，公主父親的地位在童話中一直可有可無，在迪士尼動畫中依然如此，他可能在劇情中存在，但人物始終沒出現，如《白雪公主》；或是開場白就交代父親再娶，但不久過世，如《灰姑娘》；也可能出現了，但只在片頭與片尾，如《睡

---

[44] 西格蒙德·佛洛伊德：《精神分析導論演講新篇》第二十三講《女性心理》，國際文化出版社，2000，頁 122-125。
[45] 此處指女性。
[46] 維瑞娜·卡斯特：《童話治療》，麥田出版社，2004，頁 34。
[47] 西格蒙德·佛洛伊德：《性學三論》，太白出版社，2005，頁 71-74。

美人》；要不就是無所作為的人，如貝兒的父親被全村人譏笑為愛發明的瘋子；《小美人魚》續集《重返大海》（Return to the Sea）中，父王不但被海巫婆捆綁，還被奪走權杖；茉莉公主的父皇經常被大臣（巫師）賈方催眠，導致神志不清……由於父親對女兒愛莫能助，公主只能獨自面對外面的世界，一個人遭遇負面人物的壓迫，例如白雪公主被後母皇后派人追殺；灰姑娘被後母虐待；睡美人被壞仙女詛咒；小美人魚與海巫婆簽魔鬼契約；美女貝兒獨自抵抗加斯頓的粗暴求愛，之後又被軟禁在野獸城堡；茉莉公主被巫師擄走，脅迫下嫁……當公主被迫害時，出面拯救者都不是公主父親。

## （三）女性負面人物的壓迫

根據佛洛伊德論戀父情結，女孩會對母親產生敵意，「例如一個女孩可能希望她的媽媽死掉，以便她可以成為唯一對父親的床、物品和將來的嬰兒提出要求的人。」[48]為了解決女孩想獨佔父親、消除母親帶來的種種問題，「童話中，這問題以下列方式得以解決：把重要的女主人分為女巫和守護神，或分為死去的好媽媽和在世的壞後母」[49]。

---

[48] 邁克爾‧S‧特魯普：《佛洛伊德》，中華書局，2003，頁 54。
[49] 邁克爾‧S‧特魯普：《佛洛伊德》，中華書局，2003，頁 54。

迪士尼動畫傾向只讓女巫和壞後母出現，這些女性負面
人物在形象上如出一轍，不外乎中年婦女，刻薄的五官線
條、銳利的眼神、火紅的嘴唇、高聳的盤髮、長長的指甲、
恐怖的語調、豐滿的胸部、深陷的乳溝、手段心狠手辣、性
情陰晴不定、好猜忌愛嫉妒、心機多又深沉等。這些特徵齊
力呈現出這位中年女性的慾望——對權力和性的慾望。就像
後母皇后嫁給白雪公主的父王，她擁有了性，也就等同剝奪
了白雪公主對父親的愛，同時因為皇后的權力，她可以下令
暗殺白雪公主；灰姑娘的後母有權阻撓灰姑娘參加皇室舞
會，後來還將她反鎖閣樓中不讓她試穿玻璃鞋；出生不久即
被詛咒的睡美人雖然逃過一劫安然長大，還是無法躲過壞仙
女的魔法，終究誤觸紡錘而昏迷；海巫婆不但覬覦小美人魚
的迷人嗓音，在續集《重返大海》（Return to the Sea）還稱霸
海底王國。

（四）英雄的拯救

女性之間的糾紛最終靠男性來解決，一個拯救弱者的
英雄——有權、有勢、有財的英俊王子。在激烈的對抗後，
英雄終究打敗了慾望女性，凱旋式完成英雄救美的任務，
弱勢女性對英雄的報答是快樂的以身相許，再度演繹了希
臘神話中，英雄必定戰勝邪惡母性的力量（demonic maternal

powers）[50]，並展現年輕父性精神（patriarchal spirit）[51]的勝利。按照心理分析學宗師卡爾・榮格（Carl G. Jung，1875－1961）論女性氣質（femininity）阿尼瑪（anima）、男性氣質（masculinity）阿尼姆斯（animus）的觀點，「這個拯救行動象徵將阿尼瑪人物由母性形象的沉溺中解救出來，只有這項行動完成以後，一個男人才會真正獲得與女性建立關係的能力。」[52]也就是說，這個勝利是男性征服了心靈深處那位消極負面的阿尼瑪人物，使自己更加堅強並且擁有了女性。

　　總之，迪士尼將公主的人生徹底和母親絕緣，使得公主的戀父情結和英雄崇拜成為人為主導的唯一命運，無形間擴大男性對女孩、女人的影響。父親的無能為力在敘事上滿足了三個合理性：首先，造成公主一直被女性負面人物欺壓；其次，公主只能等待父親以外的男性拯救，於是英雄出場；第三，將青春期少女儘早由父親手上交給另一個男人，女性繼續被男性保護。至於終究被消滅的女性負面人物在迪士尼動畫中是邪惡的化身，有能力、權力和欲望的女性被視為壞人，無助的公主在她面前，顯然是被壓迫者，造成女性之間的矛盾：年紀大、有能力、無美貌的女人對年紀輕、無能力、

---

[50] 卡爾・榮格主編：《人及其象徵》，立緒出版社，2002，頁136。
[51] 卡爾・榮格主編：《人及其象徵》，立緒出版社，2002，頁136。
[52] 卡爾・榮格主編：《人及其象徵》，立緒出版社，2002，頁136-137。

有美貌的女孩的擠壓。雖然《美女與野獸》與《阿拉丁》沒
有女性負面人物，取代的是男性負面人物，但不論是巫婆耳
舒拉、粗暴大男人加斯頓，還是貪財貪色的巫師賈方，男性
消滅權力者的目的是為了捍衛自己的勢力，因為權力女性、
權力男性是他的競爭者。英雄只愛崇拜他的弱女子，拯救弱
勢女性可以建立自己的王國。

# 第二章　女性主義立場

我們只管做動畫，然後讓教授告訴我們有什麼意涵。[1]

——沃爾特・迪士尼

　　1966 年沃爾特・迪士尼因病逝世，[2]迪士尼公司進入長達二十多年的「動畫黑暗期」[3]，與此同時，美國婦女解放運動方興未艾。1963 年《女性的奧秘》（The Feminine Mystique）出版，四十年後被美國人評選為「改變美國的二十本書」[4]之一，肯定它啟發第二次女權運動的積極意義。作者貝蒂・弗里丹（Betty Friedan，1921－）在書中提及，二次大戰後，美國社會發生了劇烈變化，儘管物質豐富但人心脆弱孤獨，

---

[1] 轉引自 Elizabeth Bell, Lynda Hass, and Laura Sells, From Mouse to Mermaid－The Politics of Film, Gender, and Culture, Indiana University Press, 1995, p.1.

[2] 沃爾特・迪士尼於 1966 年 12 月 15 日因肺癌併發心肌梗塞過世，享年六十五歲。

[3] 參考邁克爾・艾斯納：《高感性事業》第七章〈動畫片的復興〉，頁 157-185。

[4] 根據美國最大連鎖書店 Barnes & Noble 出版的《圖書》（Book）雜誌，2003 年 7-8 月刊評選報告。

人們開始沉緬於舒適的家庭生活，在她寫作之際，美國女性泰半在二十歲就已結婚並放棄上大學，她引用大都會人壽保險公司的資料指出，1940 年至 1957 年，二十歲以下女性生產的嬰兒數目增加了百分之一百六十五。她認為那個時代誕生了一種理想化的女性形象：女性將自己局限在家庭主婦與母親的角色，並放棄教育與職業的願望。在大眾媒介中，「幸福的家庭主婦」成了典型美國婦女形象和千百萬女性追求、仿效的樣板，廣告中漂亮的家庭主婦站在泡沫四溢的洗碗槽前，容光煥發笑容滿面；《時代》（Time）雜誌報導郊區主婦的美國現象，還以反面口吻下標題「日子過得太好，誰能相信她們不幸福？」[5]

　　也就是三十年代末至五十年代末，迪士尼的白雪公主、灰姑娘和睡美人一一登場，她們是皇宮版「幸福的家庭主婦」，卻是真正家庭主婦的偶像，因為一樣不事生產，但是公主乃全國最富有的女性。弗里丹著書的出發點在於她想得到一個答案：為什麼大眾媒體的婦女形象和現實中的婦女心聲有一種奇怪的差異？她花了大量時間對她的大學同學做了兩百份的問卷調查，發現她們和自己一樣，在十幾年的家庭主婦生活中有一種說不出的煩燥和難受，作者將它命名為「無名的問題」。這種極度疲乏的角色危機在

---

[5]　轉引自貝蒂‧弗里丹：《女性的奧秘》，廣東經濟出版社，2005，頁 8。

五十年代使得許多美國婦女求助於醫生，一名克利夫蘭的醫生稱之為「家庭主婦綜合症」，至於病因，弗里丹花了五年時間研究，答案是：除了我的丈夫、孩子和家庭，我還有所企求。

# 第一節　沃爾特・迪士尼的父權意識

　　體認到迪士尼公主形象有性別歧視的大多是女性主義者，至於電影批評家則不多見，傑克・知皮斯（Jack Zipes）是其中之一，他專門研究民間故事自口頭傳播被記錄成文字，再從文字改編成視覺影像所衍生的文化問題。他認為將童話改寫搬上螢幕的人不只沃爾特・迪士尼一人，然而沃爾特・迪士尼保留的是格林童話十九世紀的父權觀念，利用新科技和員工能力，有點懷舊地想要一個井然有序的父權王國。[6]

　　沃爾特・迪士尼的父權意識對迪士尼公司的影響主要在兩方面：

---

[6] Jack Zipes, "Breaking the Disney Spell", From Mouse to Mermaid: The Politics of the Film, Gender, and Culture, Indiana University Press, 1995, pp.37-40.

## 一、領導風格

　　根據知皮斯一文，沃爾特・迪士尼不讓員工有任何資格對外界表示某某動畫是員工的作品，影片刊頭不外乎「沃爾特・迪士尼出品」（Walt Disney Presents）或「沃爾特・迪士尼動畫公司出品」（Walt Disney Pictures Present），公司名稱就是老闆名字，因此公司作品很自然與老闆劃上等號。華得・金博回憶他的老闆說道：「每張色稿圖片沃爾特・迪士尼都要看過，連細節也不放過，下班後還經常去員工家關心工作進度，並提些自己的意見。」[7]沃爾特・迪士尼自己也形象地描述他在公司的角色——「有時我覺得自己是一隻小蜜蜂，從一個地方飛到另一個地方，採集花粉並激勵每一個人。」[8]

　　在用人方面，迪士尼公司自創始以來一直以男性員工為主力。鄂希兒在其論文中探索「到底誰在做這些公主？」的問題，她發現迪士尼公司三十年代製作《白雪公主與七個小矮人》時，開始成立故事（story）、概念設計（concept design）和角色人物（character model）三大核心部門，裡面全是男性

---

[7]　Heather Leia Urtheil, "Producing the Princess Collection: An Historical Look at the Animation of a Disney Heroine", Thesis, Emory University, 1998, p.10.

[8]　邁克爾・艾斯納：《高感性事業》，中信出版社，2004，頁163。

主管與下屬，核心外的上色部門才能看到葛蕾絲・貝里（Grace Bailey）帶了一幫年輕女性用墨水將男動畫師畫的線條描在賽璐珞片上，然後在背面塗上顏色。1938 年《沃爾特・迪士尼片廠簡介》（An Introduction to the Walt Disney）記載著迪士尼公司的用人政策，上面清楚寫著上色部門是公司唯一對女性員工開放的部門，而貝里個人也認為女人比男人更適合做上色的工作，理由是上色工作需要耐性、愛乾淨的特質。1941 年《魅力》（Glamour）雜誌一篇名為〈在迪士尼工作的女孩〉（Girls At Work for Disney）的報導提到這種特質的價值是一星期掙十八到七十五美元，但其他部門的男性員工卻是週薪三百美元。此文將女性員工較男性低薪的原因歸結為——如果她們不是做了幾年就辭掉工作去結婚，薪水會高些。

到了製作《灰姑娘》的時代，出現極為少數的傑出女性任職於這三大核心部門，指的就是瑪莉・布雷爾（Mary Blair），她的工作是負責搭配灰姑娘的服裝和頭髮的顏色，其他女性則全是她的下屬。但是鄂西兒認為布雷爾的工作只是做角色造型的配色提案，而不是在發想或決定角色個性，她上面還有重重關卡，而且最終都要沃爾特・迪士尼點頭才行。[9]

---

[9] Heather Leia Urtheil, "Producing the Princess Collection: An Historical Look at the Animation of a Disney Heroine", Thesis, Emory University, 1998, pp.12-20.

　　1985 年迪士尼動畫進入復興期，公司也加入了新血，其中不乏女性，職務從動畫師到編劇都有，譬如布蘭妲·查普曼（Brenda Chapman）負責繪製《美女與野獸》的草圖、蒂娜·普萊斯（Tina Price）是《阿拉丁》的電腦動畫師，最有名的當屬向外延聘的《美女與野獸》編劇琳達·伍芙頓（Linda Woolverton），另外還有海倫·漢（Helene Hahn），她是好萊塢知名律師之一，進入迪士尼的領導階層。然而女性在迪士尼仍只是一小部份，而且幾乎所有管理階層都是男性，儘管九十年代迪士尼公司的用人手冊上已將動畫製作過程中的女性團隊視作二軍　，但她們對角色人物的設定沒有貢獻[10]。的確，像伍芙頓這樣努力編劇一年多，卻被迪士尼三巨頭（Team Disney）私下另請高明大改她的劇本，當然對最終版本的角色或劇本沒有貢獻。

## 二、動畫的性別意識

　　沃爾特·迪士尼於《灰姑娘》製作期間曾在《雙親》（Parents' Magazine）雜誌發表過一篇文章，文中細數他和僅有的兩個女兒莎倫與戴安娜的相處時光。他認為女孩在成長過程中慢慢地從爸爸到比爾[11]，從動物園到裁縫店，每天早餐

---

[10] ibid. p.47.
[11] 原文為大寫 Bill，應是女兒男友。

一小時他形容自己猶如活在女人世界中，女兒們總以男朋友的看法談論棒球和舞會，但他就希望女兒們對人生伴侶有興趣……這篇文章名為〈我對女孩的瞭解〉（What I Know About Girls）。[12]

　　沃爾特・迪士尼對年輕女性的瞭解來自對女兒的瞭解，也許就把對女兒的瞭解當作對女性的瞭解。在他看來，女性成年後自然會注重打扮、熱衷求偶、以男性的意見為意見、離開父親投向另一個男人……就像三個被他選中的童話女主角：白雪公主、灰姑娘和睡美人一樣，她們先天上就符合沃爾特・迪士尼對女性的想像，不足的部份由他動手改造。正如知皮斯所言，迪士尼將其意識傾向推向市場並被大量消費，如今他的簽名和貝侯、格林或安徒生都混淆了，不管大人或小孩只要一想到《白雪公主》、《灰姑娘》與《睡美人》，直接和迪士尼連在一起，迪士尼在童話上已然是文化鉗制的角色。[13]這種文化鉗制，包含了沃爾特・迪士尼的性別意識對每一代幼苗的深遠影響，因為從改編者到決定者，全是男性主導對女性的敘述，而且認定女性會為之動容。即便是他過

---

[12]　轉引自 Heather Leia Urtheil, "Producing the Princess Collection: An Historical Look at the Animation of a Disney Heroine", Thesis, Emory University, 1998, p.11.

[13]　Jack Zipes, "Breaking the Disney Spell", From Mouse to Mermaid-The Politics of the Film, Gender, and Culture, Indiana University Press, 1995, p.21.

世後二十多年的公司作品《小美人魚》、《美女與野獸》和《阿拉丁》，在敘事或角色個性上依然有性別歧視的痕跡，儘管表面上與時俱進做了修正，迪士尼公主依然是男性動畫師筆下的「他者」（the other）。

# 第二節　公主形象批判

　　猶如勞倫・福克斯（Lauren A. Fox）在論文中認為：第一代公主[14]形象大有問題；至於第二代公主的美女貝兒喜歡讀書、茉莉公主自己選擇結婚對象……表面上顯得有主見、叛逆、有勇氣，但是這些是迪士尼的偽裝術，讓暗藏其中的女性刻板形象不被察覺，就像美女貝兒能離開野獸的城堡獲得自由，是因為得到野獸的允許，回家路上遭遇狼群攻擊，又由野獸來搭救；茉莉公主雖然違逆父命逃離皇宮，但是在阿拉丁解救下才免除世俗災難，並享受安全的飛毯之旅……這些安排和幾百年前的原版童話以及第一代公主動畫一樣，公主仍然沒有自主權，依然在性別上被對象化，

---

14　勞倫・福克斯在其論文中將白雪公主、灰姑娘與睡美人歸類第一代公主；小美人魚、美女與茉莉公主歸類第二代公主。

這樣的表現是不真實的女性主義，根本是「偽女性主義」
（pseudo-feminism）[15]。

　　筆者認為以女性主義文論檢視迪士尼公主形象，可歸納
以下四點：

## 一、他者：附屬品

　　他者（the other）是存在主義派女性主義的關鍵字，代表
人物是以《第二性》（Le Deuxième Sexe）奠定地位的西蒙娜・
德・波伏娃（Simone de Beauvoir，1908－1986），此書如今被
奉為女性主義聖經，使得波伏娃在女性主義者中特別權威、
特別有影響力。她在書中詰問：「為什麼女人是他者？」她認
為：生物學、精神分析學和歷史唯物主義的解釋完全不具說
服性，女性之所以淪為他者，完全是被父權控制的社會、經
濟、教育和習俗給圈住了，而且無法逃脫。
　　其實「他者」的概念來自存在主義哲學家尚・保羅・薩
特（Jean-Paul Sartre，1905－1980）在《存在與虛無》（Being
and Nothingness）一書中的「為他的存在」（being-for-others）。

---

[15] Lauren A. Fox, "Disney's Magic: Dispelling The Myth of The New Heroine in Disney's Animated Fairy Tales", Thesis. Southern Connecticut State University, 2000, pp.6-8.

「薩特將存在分為兩部分,以此將觀照者與被觀照者做出區分」[16],也就是自為的存在(being-for itself)與自在的存在(being-in itself),但在這兩種存在形式後,他加上了第三種:為他的存在。薩特將這種為他的存在描述為共在(communal being-with),它涉及到「一種個人的衝突,每個為己者通過直接或間接的方式把他人變成對象,從而謀求重新獲得屬於自己的存在」[17]。羅斯瑪麗‧派特南‧童(Rosemary Putnam Tong)在《女性主義思潮導論》(Feminist Through - A More Comprehensive Introduction)對此做了演繹:由於每個自為的存在都把他人的存在定義為對象和他者,通過這種方式把自己建構為主體和自我,因此,這種意識行動建立了一個在根本上相衝突的社會系統,定義自我的過程成為一個尋求權力凌駕他人的過程[18]。

《美女與野獸》大男人加斯頓把自己當主體,把貝兒當客體,要貝兒把書丟掉,做他的小妻子,生六個孩子,在家幹農活⋯⋯美女貝兒拒絕加斯頓粗魯的求婚,因為她是嚮往「遙遠的地方、刺激的決鬥、魔咒、受魔法束縛的

---

[16] 羅斯瑪麗‧派特南‧童:《女性主義思潮導論》,華中師範大學出版社,2002,頁 256。

[17] 轉引自羅斯瑪麗‧派特南‧童:《女性主義思潮導論》,華中師範大學出版社,2002,頁 257。

[18] 羅斯瑪麗‧派特南‧童:《女性主義思潮導論》,華中師範大學出版社,2002,頁 257。

王子」[19]的女孩。事實上，貝兒拒絕的不只是沙文主義豬加斯特，而是一介平民加斯特，她可以為父親犧牲給野獸，但不會奉獻給加斯頓，因為加斯頓不是貴族也沒有錢，不是要嫁的人；但她從野獸那兒得到的不只是物質，還有階級的提升。「迪士尼表面上和後女性主義有共識，聲明女性可以有智慧、發言權和冒險精神，事實上是安排男性幫助女性得到發言權、教育和自由……女性並非靠自己得到這些，而是男性給的禮物，女性被動得到的。」[20]波伏娃認為：定義和區分女性的參照物是男性，但是定義和區分男性的參照物卻不是女性，「她」變成附屬的人，是和主要者（the essential）相對立的次要者（the inessential）。他是主體；而她是他者（the other）[21]。

羅柏姐・特萊茨（Roberta Trites）在《迪士尼版本的安徒生〈小美人魚〉》（In Disney's Sub/Version of Anderson's 'The Little Mermaid'）比較了安徒生版和迪士尼版的《小美人魚》，她認為迪士尼的改寫把女性價值給刪掉了，雖然安徒生的《小美人魚》也是父權思想的產物，但是童話中小美人魚的要求是趨向精神面的，迪士尼則把一個女孩弄成只要物質、

---

19 譯自《美女與野獸》美女貝兒的唱詞。

20 Lauren A. Fox, "Disney's Magic: Dispelling the Myth of The New Heroine in Disney's Animated Fairy Tales", Thesis. Southern Connecticut State University, 2000, p.3.

21 西蒙娜・德・波伏娃：《第二性》，中國書籍出版社，2004，頁 4。

財富、美麗和婚姻[22]，通過婚姻，女性得到政治經濟力和有
價值的東西，就像《美女與野獸》貝兒受教育；《阿拉丁》茉
莉公主得到自由。而且「迪士尼在海巫婆身上詆毀女性權力，
以簡化小美人魚的選擇，在白種男人社會中，保持沉默比做
一個怪物來得容易些。」[23]就這樣，觀眾判斷海巫婆是壞人
很容易，認同小美人魚的選擇也變得理所當然。

　　法國女性主義文學批評家茱麗亞・克莉斯蒂娃（Julia
Kristeva）以反諷口吻直言：「女性若想進入被男性把持、為
男性服務的話語體系，要不借用他的口吻、承襲他的概念、
站在他的立場、用他規定的符號系統與他認可的方式去發
言，即作為男性的同性進入話語；要麼用不言來言說，用異
常語言來言說，用話語體系中的空白、縫隙及異常的排列方
式來言說。」[24]蘿拉・莫爾維（Laura Mulvey）更批判精神分
析學根本就是一種父系語言，但是當她被質詢「為何採用父
系語言分析女性在電影中被再現的問題？」莫爾維的答覆
是：「因為沒有別的語言可以運用，只能倚靠過去父系社會製

---

[22] 轉引自 Heather Leia Urtheil, "Producing the Princess Collection:An
Historical Look at the Animation of a Disney Heroine", Thesis, Emory
University, 1998, p.3.

[23] Laura Sell, "Where do the Mermaid stand", From Mouse to Mermaid－The
Politics of the Film, Gender, and Cultur, Indiana University Press, 1995,
p.188.

[24] 轉引自孟悅、戴錦華：《浮出歷史地表》，中國人民大學出版社，2004，
頁 13。

造的工具來反對父系秩序，最起碼，精神分析學可以幫助人
對父系秩序的理解。」[25]看來，莫爾維與克莉斯蒂娃一樣，對
於女性失語、無話語權，露出難以言喻的無奈。

　　若我們問：克萊門茨改編的《小美人魚》為何能獲得迪
士尼三巨頭的青睞？也許關鍵原因是他挑選了一個童話女主
角不顧一切改造自己去迎合男性的題材。

## 二、被看：客體

　　蘿拉‧莫爾維以精神分析理論注入女性主義觀點，分析
父系社會的無意識怎樣架構影片形式，她於 1973 年發表的
《視覺快感與敘事性電影》（Visual Pleasure and Narrative
Cinema），如今被譽為早期女性主義電影理論的經典文論。文
中她強調：無論看還是被看，「看」本身就是一種快感。在這
「性不平衡」的世界中，看的快感分裂為主動的（男性的）
與被動的（女性的），起決定性作用的男人眼光將他的幻想投
射到女性形體上，女性在傳統的裸露癖角色中被人看、被展
示，她承受視線，迎合男性慾望，指稱男性的慾望，因此女
性成為性慾的能指，被展示的女性一作為故事人物的色情對
象，二作為觀眾的色情對象。[26]

---

[25] 轉引自彭吉象：《影視美學》，北京大學出版社，2002，頁 137。
[26] 蘿拉‧莫爾維：《視覺快感與敘事電影》，《電影與新方法》，中國廣播電

　　迪士尼在 1959 年以前為白雪公主、灰姑娘與睡美人打造的芭蕾舞者身段是古典美的線條，髮箍與長髮是循規蹈矩的信號，小圓領與蝴蝶結代表少女品味，裙長過膝是好女孩的禮儀……因此沒有人看見白雪公主的身材、灰姑娘的小腿或是睡美人的前胸後背。公主被包裹在保守優雅中，被保護在傳統價值裡，她們是真善美的綜合體，理想美的典型，但是她們符合的是「迪士尼男性動畫師美女標準的童話公主形象」[27]，反映的是男性對女性的角色期待，還因此成為女性崇拜的女性形象。反觀公主遇上的三位女性負面人物：後母皇后、壞繼母與壞仙女，她們則明顯被「性徵化」（sexuality）[28]，她們存在的目的是為了鼓勵公主維持善良風俗，她們的色慾張狂是為了突顯公主一派純真，她們被安排暴露慾望是為了讓父權社會唾棄意在表現自己的女性，擁護什麼都不表露的女性。

　　六十年代女權運動興起，表現女性性徵成為公共普遍的文本，但是女性以身體表達自我的慾望卻意外成為男性更歡

視出版社，1992，頁 207-220。

[27] Heather Leia Urtheil, "Producing the Princess Collection: An Historical Look at the Animation of a Disney Heroine", Thesis, Emory University, 1998, pp.23-24.

[28] 參考 Heather Leia Urtheil, "Producing the Princess Collection: An Historical Look at the Animation of a Disney Heroine", Thesis, Emory University, 1998, p.102.

迎的客體，當女性自覺企圖解脫傳統道德的束縛，卻跳進另
一個被控制的框架，它猶如展覽女性的畫架、捕捉女性的鏡
頭。正如莫爾維認為：與電影有關的「看」有三種：一是攝
影機的看；二是觀眾的看；三是人物在螢幕中互看。[29]六十
年代開始，男性主導的好萊塢乾脆把奇觀和敘事結合起來，
大舉將性編織在主流電影文本中，把「看」當作內容與題材，
成了片商與觀眾共同的興趣，在鏡頭中觀眾看到性魅力，也
見識到電影滿足性想像的巨大能力。主演《七年之癢》（The
Seven Year Itch）的性感尤物瑪麗蓮‧夢露（Marilyn Monroe，
1926－1962）不但是女性崇拜的時尚女神，更是男性垂涎的
夢中情人，她站在地鐵通風口裙擺飛揚的一幕是該片永恆的
經典畫面。莫爾維認為男性視覺快感有兩種，其中之一便是
窺看癖（scopophilia），她根據佛洛伊德的觀點在《視覺快感
與敘事性電影》中指出：窺看癖與性吸引力有關，是通過視
力使用另一個人作為性刺激的對象所獲得的快感。[30]雖然小
美人魚、美女貝兒與《阿拉丁》茉莉公主在男性編劇的鋼筆
下有一絲獨立自主的念頭；但在男性動畫師的畫筆下身體卻
被性徵化，她們的女性自覺被應用在「知道自己有什麼條

---

29 蘿拉‧莫爾維：《視覺快感與敘事電影》，《電影與新方法》，中國廣播電
　　視出版社，1992，頁 220。
30 蘿拉‧莫爾維：《視覺快感與敘事電影》，《電影與新方法》，中國廣播電
　　視出版社，1992，頁 209-212。

件，可以得到什麼禮物」。過去只有壞女人才性徵化，如今
乖乖女與惡女並不對立，而是合流。小美人魚的一頭紅髮是
美國叛逆少女的標準造型，她嚮往海平面以上的人類世界，
代表她有離開現狀的勇氣，但是她被套上貝殼比基尼與超低
腰魚尾裙。當她問海巫婆，一旦她變啞，怎麼吸引王子呢？
海巫婆慫恿她：「妳有漂亮臉蛋，卻不懂得肢體語言嗎？」
於是海巫婆示範了嫵媚的扭腰擺臀，這裡明顯暗示了「男人
不愛女人多講話，只愛其身體」的潛臺詞。「當迪士尼被人
稱讚塑造了有智慧和決心的女孩，也該同時承認他們要女孩
以傳統方法運作她的能耐──賣弄風情。」[31]《阿拉丁》茉
莉公主半夜逃婚離家出走，為的是可貴的人生自由，但是迪
士尼令她走路扭腰擺臀，不停流轉大杏眼，每一眨都妖媚；
美女貝兒雖然穿著中規中矩，但是勒腰束腹如脖子般纖細，
突顯引人遐思的傲人上圍……佛洛伊德在《性學三論》中將
觀看和撫摸相提並論，他認為觀看和撫摸在性行為中性質頗
為相近。[32]照此說，當男性觀眾注視小美人魚與茉莉公主的
胸腰臀腿時，想的何嘗不是與她們親密接觸？

---

[31]　參考 www.speakeasy.org/wfp/17/Disney.html。
[32]　西格蒙德・佛洛伊德：《性學三論》，太白文藝出版社，2005，頁 36-37。

## 三、被動：受虐

　　關於女性被動，波伏娃在《第二性》第二卷提及女性從女孩到少女的蛻變是從主動到被動的轉變。她認為：小女孩是自主的人，但一進入青春期，社會壓力逼她承認自己是被動客體，而與主動主體發生衝突，這段期間，她在獨立的童年期和順從的女人期之間猶疑，但是慢慢降低自己的要求，最後放棄主權。雖然有些反抗，少女終究接受了她的女性氣質，因為她在童年對父親撒嬌的性幻想中，就知道被動性的魔力。[33]很多人像白雪公主、灰姑娘和睡美人一樣，一旦沒有父親可倚賴，依然被動等待、服從與接受另一個男性的愛。因此兩性互動一如凱‧史東（Kay Stone）在《沃爾特‧迪士尼沒有告訴我們的事》（Things Walt Disney Never Told Us）指稱的「男人做；女人是」（Heroes act, Heroine are.）。[34]巴爾扎克（Honoré de Balzac，1799－1850）的小說更是露骨地塑造男人總是野心勃勃，財富、名望與女人都是他的慾望，他還勸告男人把女性當作奴隸看待，同時又要相信她是皇后。

---

[33] 西蒙娜‧德‧波伏娃：《第二性》，中國書籍出版社，2004，頁 329。
[34] 轉引自 Lauren A. Fox, "Disney's Magic: Dispelling the Myth of The New Heroine in Disney's Animated Fairy Tales", Thesis. Southern Connecticut State University, 2000, p.7.

　　男性要女性被動，是因為他要主動。佛洛伊德認為多數男人在性慾之中都混合了侵略性與征服慾，故而虐待症（sadism）可說是性本能裡侵略成分的獨立與強化。發明被虐待症（masochism）一詞的德國神經學家理查·克拉夫－伊賓（Richard von Krafft-Ebing，1840－1902）基於女性在生殖過程裡的被動角色，認為女性對男性雌服乃生理現象。佛洛伊德因此引用克拉夫－伊賓的說法認為：性錯亂現象裡喜於使性對象痛苦及其反面的分別是虐待症與被虐待症，前者是主動的；後者是被動的[35]。

　　我們可以看到，數不清的神話、童話、動畫、戲劇、電影、小說或漫畫經常安排年輕美麗的女性先以受害者面目出現，經過男性拯救，後來才得到幸福人生。安徒生《小美人魚》就是讚美受苦女性，他不讓小美人魚殺了王子，就意味著女性終究是犧牲者。而海巫婆事先警告小美人魚，一旦喝下魔藥，雖擁有了人腿，但是每一步就像刀割般痛苦，小美人魚依然義無反顧一口喝下；美女貝兒為了救父，自願犧牲給一頭面目可憎的野獸；睡美人被詛咒，因誤觸紡錘昏迷不醒……受虐與犧牲的角色始終由女性來完成。

---

[35]　西格蒙德·佛洛伊德：《性學三論》，太白文藝出版社，2005，頁 37-38。

一本名為《灰姑娘情結——害怕獨立》（The Cinderella Complex: Women's Hidden Fear of Independence）[36]的散文奉勸女性放棄等待白馬王子（the prince on a white horse），不要怕獨立。但是波伏娃認為：無論對上帝或男人，小女孩懂得只有最徹底的服從才能變得無所不能，她以受虐為樂，因為受虐答應她征服一切。一個個遍體鱗傷、被動、受傷、屈膝受辱的美麗女主角向年輕的姐妹們證明，殉難、被棄、順從之美會得到令人嚮往的顯赫。[37]而且故事女主角被動的受虐與犧牲，總是被安排以結婚為報償，而這也是女性喜歡的代價。因此女人追求的是屈從的夢想；男人則追求認同的夢想。男人在壓迫行為中使得女性貶值，但也導致兩性合作。男性對女性的壓迫發現了自己永久不變的偶像形式，他用她去尋找他的男性氣質和主權地位。[38]

有趣的是，雖然迪士尼公主扮演的是被犧牲的弱者，但在舞臺下她們卻是強者，一再讓迪士尼轉虧為盈。《白雪公主與七個小矮人》（1937）不但讓迪士尼公司站起來，獨力支撐著這個幾乎全是男性員工的動畫公司，而且支持沃爾特・迪士尼無後顧之憂地製作更需要新技術的《幻想曲》（Fantasia，1940）和《木偶奇遇記》（Pinocchio，1940），然而這兩部動畫

[36] By Colette Dowling, Summit Books ,1981.
[37] 西蒙娜・德・波伏娃：《第二性》，中國書籍出版社，2004，頁 279。
[38] 西蒙娜・德・波伏娃：《第二性》，中國書籍出版社，2004，頁 673。

在商業上都沒有《白雪公主與七個小矮人》賣座；《灰姑娘》
（1950）再創奇蹟，使得沃爾特・迪士尼大膽投拍兩部有藝術
風險的動畫，分別是《愛麗絲夢遊仙境》（Alice in Wonderland，
1951）和《小飛俠》（Peter Pan，1953），結果《愛麗絲夢遊
仙境》的評價褒貶不一；《小美人魚》（1989）名利雙收，更
被迪士尼奉為動畫復興之作，為迪士尼後來的動畫事業注入
一劑強心劑。總體看來，迪士尼動畫歷史中，公主幕前幕後
猶如兩個人，幕前是弱者，等待被拯救；幕後卻是強者，拯
救別人的人。

## 四、無產者

　　的確，隨著工業化的進展，物質生產由私人家庭轉移到
公共勞動場所，大多數女人起初沒有進入公共勞動場所，因
此被認為是不事生產者，與賺工資、從事生產的男人形成對
比……這些都是資本主義制度帶來的結果，是不爭的事實。
然而，「馬克思主義女性主義（Marxist feminism）最不滿的
是，馬克思與恩格斯在描述資本主義制度下婦女工作的性質
和作用時，把婦女的工作看得無足輕重。」[39]為了替婦女的
家務勞動伸張正義，部份馬克思主義女性主義者發起「家務

---

[39] 羅斯瑪麗・派特南・童：《女性主義思潮導論》，華中師範大學出版社，
　　2002，頁 155-156。

計酬運動」，但是未獲所有馬克思主義女性主義者的支持，因為自知不可行也不會受歡迎。事實也是如此，幾乎沒有家庭主婦因幹家務得到薪資，不論發薪者是丈夫還是政府。因此，不事生產的婦女沒有收入，所以經濟不獨立；因為經濟不獨立，沒有自由可言。就像易普生（Henrik Ibsen，1828－1906）戲劇《玩偶之家》（Doll's House）的娜拉雖然毅然出走，但又能上哪兒呢？魯迅認為「娜拉或者也實在只有兩條路，不是墮落就是回來。」[40]維吉尼亞‧伍爾夫（Virginia Woolf，1882－1941）所謂「自己的房間」（from a room of one's own），其實象徵的是女性的空間，自由的空間。由於伍爾夫突然獲得姑母遺產，每年有五百英磅的固定收入，她再也不必為了討生活幫人寫信、撰寫零星新聞、念書給老太太聽、教小朋友學字母或是剪剪紙花兒……從此大可為寫作而寫作，不必為生存而幹活。當她對臺下女聽眾說「女人如果打算寫小說，她必須要有錢，還要有一間自己的房間。」[41]真是忠言逆耳。

　　沒錢、沒有自己房間的白雪公主遭到皇后下令暗殺，幸虧獵人放她一馬，但她在陌生陰黑、怪聲四起的森林中，身

---

[40] 魯迅於 1923 年 12 月 26 日在北京女子高等師範學校演講《娜拉走後怎樣》。

[41] 佛吉尼亞‧伍爾夫：《佛吉尼亞‧伍爾夫文集——論小說與小說家》，上海譯文出版社，2000，頁 60、99。

心受到極度驚嚇，最後闖入七矮人的小木屋，她自動打掃屋
子，並在七矮人回來後主動和他們談條件，表示她會打掃、
洗衣、煮湯、烤蘋果派、做布丁……七個小矮人一聽她會做
飯高興異常，就答應讓她住下。於是出生皇室的白雪公主成
為七個單身男人的女傭，因為她知道離開城堡自己無法獨立
生活，這七個年老禿頭的男侏儒能收留她，但是唯一可以作
為報酬，或當作交換的就是做家事的勞動力。簡單地說，白
雪公主是靠男人才免於死在森林中的弱者。於是每天早上七
個矮人上工去，她就待在家中打掃、洗衣、做飯，形成男主
外、女主內的契約式生活。這點迪士尼和格林兄弟的觀念一
致，都認為家是好女孩該待的地方，儼然是七個男人對白雪
公主的慈善，同時巧妙地佈置了女性要盡的義務。不同的是，
迪士尼的小矮人並非骯髒窮困的鐵礦工人，而是勤勞的鑽石
採礦者，一顆顆比眼睛大的鑽石藏在藏寶洞中，他們是七個
隱居深山的超級富豪。知皮士認為七矮人就好比美國大蕭條
時期卑微的藍領階級，他們聚在一起共渡難關，每天努力工
作，精神抖擻地唱著「下班了回家去」（It's home from work we
go）的歌，他們的觀念是女人只要好好持家，男人就會做好
份內事。[42]然而七矮人每天挖鑽石堪稱致富高手，白雪公主卻

---

[42] Jack Zipes, "Breaking the Disney Spell", From Mouse to Mermaid-The Politics of the Film, Gender, and Culture, Indiana University Press, 1995, p.37.

是無薪女僕，是標準的無產階級，她必須倚賴男性生存，需要博得七矮人的喜愛，因此每天早上送他們上工的方式是在七矮人的禿頭上一一吻別，七矮人的飄飄欲仙是她得到的續住許可。同時，為了改變小矮人「愛生氣」（Grumpy）對女人的反感，白雪公主特地做了一個寫上 Grumpy 的藍莓派要獻給他們。

　　儘管白雪公主穿著保守、沒顯露身材、髮型單調、天真無邪、溫柔善良又愛護小動物，迪士尼的白雪公主絕非格林兄弟筆下的七歲女童，而是懂得利用女性氣質（femininity）討好男人的青少女。

# 第三章　女性消費者心理

我的事業就是讓人，尤其讓孩子快樂。[1]

——沃爾特・迪士尼

　　很明顯，迪士尼的行銷戰略以提供全家娛樂為主要訴求，但其主要目標對象是未成年孩子，尤其是六年級以下的學童與幼童，企圖由孩子世界自動延伸到愛孩子的父母身上，因為孩子是使用者（user），父母則是購買者（buyer），在消費行為中孩子與父母會互相牽引。果然，在迪士尼商品貨架前，一齣齣「孩子央求與父母允許」的戲碼屢見不鮮。

　　擔任全球五十家以上兒童品牌顧問的丹・阿克夫（Dan S. Acuff）認為：有效的兒童行銷便是打動兒童的心，讓他們主動購買或要求父母購買給他／她們，而父母的角色就是影響購買（purchaseness influence）。他在《兒童行銷》（What Kids Buy And Why）一書中引用了《1996 年羅波青年報告》（The

---

[1]　Disney Institute, Be Our Guest, Disney Institute, 2001, p.52.

1996 Roper Youth Report）指出：孩子到十三歲是個關鍵年齡，十三歲以後孩子購物受父母影響越來越少。以買玩具來說，六、七歲女孩／男孩七成以上經父母指導購物；到了十三至十七歲則下降到三成以下。[2]巧的是，迪士尼公主的目標對象正是十三歲以下女童。然而一套睡美人的公主裙、一只灰姑娘首飾盒、一個小美人魚娃娃或是一張迪士尼公主晚宴入場券……到底出自女孩的央求還是大人的心意？在迪士尼各主題公園裡，隨處可見穿著迪士尼公主裙、踩著亮晶晶公主鞋的女童滿場嬉笑追逐，崇拜公主的女孩完全跨越國界與種族，不論膚色是黃、白、黑、還是棕，對公主形象的認同使得女童成為標準公主迷，大排長龍向六位迪士尼公主索取簽名與合影、購買公主商品，而且要化身為公主，在迪士尼商店的穿衣鏡中看到自己與公主形象合而為一。


# 第一節　自戀（narcissism）


　　雖然拉康（Jacques Lacan，1901－1981）「鏡像階段論」（mirror stage）認為六到十八個月的嬰兒對自己的鏡像有特

---

[2]　丹・阿克夫：《兒童行銷》，商周出版社，2002，頁 169。

殊的迷戀，會藉由鏡像提供的完形（gestalt）來實現自己期望
成熟的目的。但是鏡像階段絕不是只給嬰幼兒時期提供的模
式[3]，它只是主體認識自己的最初方式，因此精神分析學不斷
強調主體必須走出鏡像階段的重要性。拉康以「圖式 L」
（Schema L）來說明 S 主體透過 a'（鏡像自我、小他者）通
向 a（自我）會形成了一道想像軸，這道想像軸會將主體與
他者分隔兩方，使得「主體不易直接企近自己無意識的真相，
精神分析學的目的就是要讓主體理解到想像認同的虛妄，才
能在象徵秩序中安身立命。」[4]當小女孩停留在鏡像的想像認
同中，她認同的是什麼樣的對象？什麼樣的自己？阿克夫歸
納三至七歲女孩的角色認同包含：芭蕾舞明星、母親、新娘、
仙女、皇后、公主、嬰兒娃娃、芭比等，[5]顯然迪士尼公主的
螢幕形象就在其中。

[3] 〔日〕福原泰平：《拉康──鏡像階段》，河北教育出版社，2002，頁 74。

[4] 黃宗慧：《你不看她她在嗎？──以〈天龍八部〉中段正淳身邊的女性
為例談自戀、戀物、攻擊欲》，臺北漢學中心「金庸小說國際學術研討
會」，1998。

[5] 丹・阿克夫：《兒童行銷》，商周出版社，2002，頁 226。

拉康《圖式 L》[6]

a－a'為想像軸；S－A 為象徵軸。

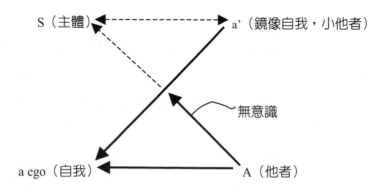

女性是否就比較容易沉溺在想像認同而變得自戀呢？精神分析學大師佛洛伊德宣稱原慾（libido 力比多）的顯現之一就是自戀（narcissism）[7]。他以「陽具羨慕」（penis envy）引伸女性與自戀有著不解之緣，認為女性感覺在先天上劣於男性，為了補償這種匱乏，不由自主地在後天上尋找對抗這種失落感的方式，因而高度關懷、欣賞、愛戀自己的容貌。按

---

[6]　〔日〕福原泰平：《拉康——鏡像階段》，河北教育出版社，2002，頁 74。

[7]　自戀（narcissism）一詞源自希臘神話 。納希塞斯（Narcissus）是個出名的美男子，無數少女期盼他的愛，但他連回聲女神（Echo）的求愛都加以拒絕，一日偶坐水邊卻愛上了自己的倒影 ，最後被回聲女神懲罰，溺水而死後化作水仙花。

精神分析學的理解，自戀是一種由自身而非他人來激起性覺
醒的現象，而且是女性自然的特質。

　　佛洛伊德雖然強調這些論點並非出於他想詆毀女性，但
百年來難逃批判和挑戰，女性主義者更是不敢苟同，就連曾
與他志同道合的心理分析大師榮格以及高唱「回歸佛洛伊德」
的拉康都對自戀另有高見。畢竟「用陽具羨慕來斷言女性因
感到自身匱乏而發展成自戀，實在有本質論的嫌疑。然而弗
氏關於社會種種鉗制把女性推向自戀一途的觀察是頗值得重
視的。」[8]

　　當父權社會對女性以客體看待時，女性的主體性何處
去？波伏娃在《第二性》第二十二章〈自戀〉認為：「的確是
處境使得女性較男人更容易轉向自我，把愛獻給自己。」[9]但
是所有的愛都需要主體與客體，一旦做為主體的慾望被打
壓，女性在自己身上找到不被父權社會議論的投注方式，於
是一方面自己珍愛自己，也就是自己被自己珍愛；一方面「面
對愛戀對象時，往往延續自戀模式，希望被愛、被注視，而
不懂得如何主動去愛。」[10]至於女孩則將「這種夢想物化在布

---

8　黃宗慧：《你不看她她在嗎？──以〈天龍八部〉中段正淳身邊的女性
　　為例談自戀、戀物、攻擊欲》，臺北漢學中心「金庸小說國際學術研討
　　會」，1998。

9　西蒙娜・德・波伏娃：《第二性》，中國書籍出版社，2004，頁 587。

10　黃宗慧：《你不看她她在嗎？──以〈天龍八部〉中段正淳身邊的女性
　　為例談自戀、戀物、攻擊欲》，臺北漢學中心「金庸小說國際學術研討

娃娃裡面，通過布娃娃，能夠比通過她自己的身體更具體看到她自己。」[11]其實自戀不是一個自給自足的結構，反而在根本上需要某種外援才能成立的，希臘神話中的美男子納希塞斯（Narcissus）也是靠水中倒影才自詡為最值得愛戀的對象。[12]因此，一個小女孩疼愛她的灰姑娘娃娃，是因為她將自己投射到娃娃（他者）身上，同時在娃娃身上看到異化（alienation）的自己。

# 第二節　公主情結

　　小女孩長大拋開布娃娃，但女性卻逃不開鏡子的魔力，精神分析家奧托・蘭克（Otto Rank，1884－1939）就曾闡明了鏡子、神話與雙我之間的關係。[13]這種靠他者認識自己的存在就是一種異化（alienation），它不僅存在於想做公主的小女孩身上，小女孩的母親（購買者）又何嘗不是困在想像認同

會」，1998。

[11] 西蒙娜・德・波伏娃：《第二性》，中國書籍出版社，2004，頁588。

[12] 黃宗慧《你不看她她在嗎？——以〈天龍八部〉中段正淳身邊的女性為例談自戀、戀物、攻擊欲》，臺北漢學中心「金庸小說國際學術研討會」，1998。

[13] 轉引自西蒙娜・德・波伏娃：《第二性》，中國書籍出版社，2004，頁589。

層次中，等待他者的凝望來成立自我，進而與公主之母「皇后」同化？

　　然而皇后婚前就是公主，世世代代的女性對公主存有幻想，公主這個名詞已非單純指某一個人，而代表著同時擁有權貴、財富、幸福與美麗的女性形象，是一般女性匱乏與補償的象徵。然而這種匱乏具有先天性與普遍性，因為一般女嬰出生後就失去生為公主的可能性，在成長過程中慢慢認知到階級是一座攀登不了的世界屋脊，因此，想成為公主的慾望被拒絕、被否定，按佛洛伊德學說，這些創傷將被固結（fixation）並壓抑（repression）在無意識中。[14]關於「創傷」，佛洛伊德認為一般人「普通的早期生活不可避免地、非偶然地在一定程度上是創傷性的。」[15]他舉了一個例子說明：孩童在其弟妹出生後，開始意識到他／她並非父母唯一的愛，這件事對幼童來說就是一個無法接受的殘酷現實。

　　佛洛伊德關於創傷與無意識的論點深深影響了榮格。鑽研榮格心理學數十年的現任國際心理分析學會副會長莫瑞・史坦（Murray Stein）在《榮格心靈地圖》（Jung's Map of the Soul）一書中認為「情結理論是榮格對無意識及其結構之瞭

---

[14] 西格蒙德・佛洛伊德：《精神分析導論講演》，國際文化出版社，2003，頁 239-250。

[15] 邁克爾・S・特魯普：《佛洛伊德》，中華書局，2003，頁 33。

解，所做的最重要的早期貢獻。這些內容包括佛洛伊德對壓
抑的心理後果、幼兒期對人格結構持續的重要性。」[16]

其實，情結（complexes）一詞是榮格從德國心理學家習
恩（Ziehen）那兒借來的，但經過他的研究與努力，已大大
豐富了原詞的意涵，這個名詞後來也被佛洛伊德採用，直到
1913 年兩人決裂為止。即便斷交二十年後，榮格於 1934 年
在德國紐柏罕（Bad Neuheim）發表《情結理論的回顧》（A
Review of the Complex Theory）時，仍盡可能地肯定佛洛伊德
對他的影響。榮格認為情結是由創傷造成的，他以「字詞聯
想實驗」記錄受測者對某詞的情緒反應（譬如有的反應需一
秒，有的十秒），他將這些反應視為「情結指數」，當受測者
被要求談論刺激字詞時，創傷通常夾雜其中，因為發出很多
被埋藏在無意識中的痛苦而干擾了意識，簡言之，情結是干
擾意識的無意識內容，因此無意識中充滿各式各樣的情結，
榮格後來稱情結為個人無意識（personal unconscious）。[17]

按照榮格的情結理論，我們可以假定「希望女兒成為公
主的母親」多少具有公主情結，她小時候也許就是公主迷，
稍懂事後對公主身份的假裝與失落形成創傷，而收進自己無
意識層次中，長大後不再向自己提起。正如史坦對榮格情結
理論的演譯：這份情結由「創痛時刻的相關意象和冰凍記憶

---

[16] 莫瑞‧史坦：《榮格心靈地圖》，立緒文化公司，2003，頁 48。
[17] 莫瑞‧史坦：《榮格心靈地圖》，立緒文化公司，2003，頁 47-50。

所組成，它們埋在無意識中，不是自我能輕易發掘出來的，
這些是受壓抑的記憶。」[18]

# 第三節　集體無意識

雖然大多數情結產生於個人生活經歷、記憶與願望，但
榮格認為情結也有集體性的，這就是他著名的「集體無意識」
（collective unconscious）。他認為集體無意識與整個人類經驗
傳統有關，作為一種祖傳遺產，它不是個人的，是所有人共
有的，也就是原型（archetype）[19]──所有時代與地方的人類
在想像、思想和行為上與生俱來的共同潛在模式。由於共同
的創傷促成共同的情結，因此有的情結具有世代性，也就是
在心理的意義上，社會中有很多人擁有相同的結構，譬如考
試情結、越戰情結，當然也包括公主情結。集體性的公主情
結存在於集體女性的無意識中，今天視女兒為小公主的母
親，昨天是她母親的小公主；今天母親的小公主，明天是小
公主的母親……因此全球五座迪士尼樂園共十一處主題公園

---

[18]　莫瑞・史坦：《榮格心靈地圖》，立緒文化公司，2003，頁 67。
[19]　莫瑞・史坦：《榮格心靈地圖》，立緒文化公司，2003，頁 284。

中，[20]仍然以童話／動畫發展出來的四處 Disneyland Park 及一處 Magic Kingdom 為迪士尼樂園行銷主力，並以城堡形象攻佔所有遊客的記憶區。城堡[21]的象徵意義在於裡面住著一輩子幸福快樂的公主與王子，迪士尼要讓遊客一想起迪士尼樂園就回憶起這座城堡，回憶自己曾欣賞六對公主與王子的翩翩起舞、變幻的星空鐳射、目不暇接的花火、歌頌美夢成真的歌聲，以及大家對著花火許願的一刻（Wishes Nighttime Spectacle）……猶如一個虔誠的儀式，所有信徒把心願寄予人工流星群，大家集體做夢，並堅信美夢成真。

　　「夢」對迪士尼而言是一道獲利頗豐的生產線，「迪士尼內部就有一個名為『曾經有個夢想』（Once Upon a Dream）的事業部，它即出自《白雪公主與七個小矮人》的開場白。」[22]

---

[20] 迪士尼樂園 Disneyland（美國加州洛杉磯，1955）包括 Disneyland Park，Disney's California Adventure Park。沃爾特・迪士尼世界 Walt Disney World（美國佛羅里達州奧蘭多，1971）包括 Magic Kingdom、EPCOT、Disney-MAG Studio、Animal Kingdom。東京迪士尼樂園 Tokyo Disney（日本東京，1983）包括 Tokyo Disneyland Park、Tokyo DisneySea Park。歐洲迪士尼樂園 Disneyland Paris（法國巴黎，1992）包括 Disneyland Park、Walt Disney Studio Park。香港迪士尼樂園 Disneyland Honk Kong（中國香港，2005），目前只有 Disneyland Park 一個主題公園。

[21] 沃爾特・迪士尼世界的灰姑娘城堡，設計靈感來自法國于塞古堡（Chateau d'Usse）；迪士尼樂園的睡美人城堡、灰姑娘城堡則取材自德國古堡。參考《高感性事業》，頁 253。

[22] Heather Leia Urtheil, "Producing the Princess Collection: An Historical Look at the Animation of a Disney Heroine", Thesis, Emory University, 1998, p.17.

迪士尼的夢具有多重意義，可能是一個人的願望、幻想、白
日夢，也可能是睡夢，無論如何，日有所思夜有所夢。根據
佛洛伊德《夢的解析》（The Interpretation of Dreams）及《精
神分析導論講演》，夢是被壓抑的原慾（libido），隱藏在無意
識中，因此無意識的衝動乃是夢的創造者，日間遺念會成為
夢的隱意，其實夢就是願望的滿足，人因滿足會得到快感。
榮格也認為夢境是由無意識的意象和情結所造成的，他多次
將情結說成是夢的建築師。[23]論做夢，沃爾特・迪士尼何嘗不
是大夢想家呢？當他十八歲（1919）自法國戰區退役回到美
國芝加哥時，父親立即幫他安排到果醬廠做一名工人以貼補
家用，然而他婉拒了父親的好意，並表示自己已經決定要做
一名卡通畫家了。在他父親眼裡，畫卡通是一個會餓肚子的
工作。果然，當他離鄉背井到堪薩斯市，好不容易擠進葛瑞
廣告公司（Grey Advertising Company），月薪卻只有果醬工人
的一半，五十美元，然而他很高興自己是一名藝術工作者了，
只不過過了六個星期忙完耶誕節促銷廣告就被解雇了。不僅
如此，後來他連續創業兩次都宣告破產，晚上只能躺在凳子
上睡覺，只有垃圾桶裡的老鼠和他做伴。有一隻小老鼠一點
兒也不怕他，經常鑽出洞停在沃爾特・迪士尼的畫架上看他
畫畫，迪士尼還為它取名為莫蒂默（Mortimer）。不久，他決

---

[23] 莫瑞・史坦：《榮格心靈地圖》，立緒文化公司，2003，頁63。

定放手一搏去好萊塢闖一闖，1923 年七月，當他登上火車的前一刻，多餵了莫蒂默一片乳酪，輕撫了一下牠的頭道聲珍重再見，就讓莫蒂默自己去尋找新家了。到了好萊塢，迪士尼三度創業（1923），剛開始以短片《奧斯維德》（Oswald and Rabbit）有點獲利，不料紐約的經紀人在合同上動了手腳，還暗地將他手下的卡通畫家全部收買過去，迪士尼自此完全失去了《奧斯維德》，絕望之餘只好與夫人趕緊打道回府。在紐約回加州的火車上，他不停地動腦筋想下一個點子，突然之間他大叫一聲「莫蒂默，老鼠！」[24]就這樣，這隻老鼠在沃爾特·迪士尼與一生事業好夥伴伍柏·艾渥克斯（Ub Iwerks）的構思下一點一點被勾勒出來，這就是如今征服全球的米老鼠（Mickey Mouse）。1952 年，迪士尼公司依然身負重債，沃爾特·迪士尼卻不惜與掌管財務的哥哥羅伊·迪士尼（Roy Disney，1893－1971）頻臨決裂，這次冷戰長達十年之久，主要原因就是他要圓夢，將動畫世界變成一座公園，這個構想早在 1937 年《白雪公主與七個小矮人》首映時，他就向一個同事透露過。由於他經常帶兩個女兒去遊樂園玩，遊園的經歷讓他大倒胃口，於是在心中有了興建一處孩子尺寸公園的夢。1948 年，他將興建遊樂園的想法寫進了備忘錄，他的理念是：建造一處名為米奇的迷你城，內有大量景點，能吸

---

[24] Marie Hammontree, Walt Disney, Aladdin Paperbacks, 1997, pp.147-163.

引一家中的所有成員。[25]當沃爾特・迪士尼五十四歲（1955），他以超前的創意與勇氣將動畫幻影變做實體遊樂園，將大家聞所未聞、見所未見的事物從無到有。這些沃爾特・迪士尼個人的奮鬥歷程都有力地說服了現代人相信迪士尼鼓吹的信仰——美夢成真。

榮格學派的傳人瑪莉－路易斯・弗蘭茲醫師（Marie-Louise von Franz）專門以童話做心理分析，讓患者敘述小時候讀過，至今仍然印象深刻的童話，以其回憶、忽略、添加、更改、移植和誤記的內容做科學的心理分析。正如其弟子維瑞娜・卡斯特醫師（Verena Kast）在《童話治療》（Marchen ais Therapie）引述史密特（P. Smitt）在〈神話的地位〉（Stellung des Mythos）一文中所提：「童話在整個敘述過程中用的是象徵式、圖像式的語言。從這個角度看，童話的性質接近夢、接近一般潛意識的過程。」[26]換言之，童話用作治療，病因可從童話和夢去尋找。

有趣的是，一般人卻是靠夢自我治療、自我安慰。然而夢，正是迪士尼的立基點（niche），這應是三十年代市場定位圖上的一處空白，無人以此創業並獲成功。迪士尼鼓勵人做大夢，像彼得潘會飛；[27]像愛麗絲冒險；[28]像小木偶改變人

---

[25]　邁克爾・艾斯納：《高感性事業》，中信出版社，2004，頁 188。

[26]　轉引自維瑞娜・卡斯特《童話治療》，麥田出版社，2004，頁 14。

[27]　迪士尼動畫《小飛俠》（Peter Pan），1953。

生；[29]像灰姑娘變王妃……迪士尼鼓舞大家相信世上沒有不可能的事、沒有不可能實現的夢想，一旦夢想實現，人自然快樂。由於人的夢想大部份與童年有關，迪士尼提供的是一種可能，一種讓人實現童年夢想並獲得快樂的可能，它是專為渴望快樂者開的處方，儘管快樂的效用只有短短幾分鐘，但是副作用卻可能一輩子，因為這樣的快樂體驗創造了回憶，整個過程不但是一條創造快樂的生產線，也是一種被設計的體驗，目的讓顧客「記住什麼」，而不是對顧客說「我有什麼」，或是問「你要什麼」。

　　因此，如果「夢」真的是無意識的表現，那麼迪士尼開創的何嘗不是「無意識經濟」？它在人類無意識中開發商機，挖掘人類集體無意識的私藏而發達致富，它抓住人類的自戀、公主情結與偶像崇拜心理，利用視覺奇觀與商品複製等後現代文化商品操作守則，製造過程深沉但是包裝輕鬆的商品，這些商品或項目一點也不學院派，完全與嚴肅的心理治療沒有聯想關係，但是它撫平了大眾的童年創傷，滿足童年夢想，同時，成就了代表美國的迪士尼文化。

---

28　迪士尼動畫《愛麗絲夢遊仙境》（Alice in Wonderland），1951。
29　迪士尼動畫《小木偶》（Pinocchio），1940。

# 第四節　迪士尼生活圈

迪士尼到底賣的是什麼？根據迪士尼學院（Disney Institute）針對迪士尼員工做企業文化培訓的手冊《成為我們的客人》（Be Our Guest），其中引述了沃爾特‧迪士尼自己的說法「我的事業就是讓人，尤其讓孩子快樂。」[30]簡言之，迪士尼的商品是──快樂。剛開始，迪士尼的確以快樂提供者闖入消費者的生活，滿足人們對快樂生活的渴求，但是如今大眾的生活則變成「迪士尼生活」，除了進迪士尼樂園玩、逛迪士尼商店、看迪士尼動畫之外，迪士尼已在全球實體與虛擬世界的各處佈置就緒，隨時等待被我們接納，舉凡上網 ESPN 看 Live 球賽、以 MP3 下載流行歌曲、到電影院看真人電影、買一本闔家閱讀的雜誌、開車時收聽電臺節目、打開電視看電視電影、上 Infoseeek 進行搜索……這些休閒娛樂全與迪士尼搭上關係，我們的生活已仰賴迪士尼來填充內容，填充的機制則由迪士尼產業鏈來運作。

---

[30]　Disney Institute, Be Our Guest, Disney Institute, 2001, p.52.

　　迪士尼拓展品牌的策略是將原本的娛樂公司地位推向媒體集團的高鋒，再借助資訊科技的力量進行黃袍加身。當迪士尼於 1995 年買下美國廣播公司（ABC）之際，可說是迪士尼轉型成為媒體集團的歷史關鍵；1998 年併購 Infoseek 入口網站，並進行 Go Network 整合以發展網路經濟，使得迪士尼將資訊時代的主導權完全掌握在自己的手上。早在 1911 年，美國經濟學家約瑟夫・熊彼特（Joseph A. Schumpeter，1883－1950）就指出：現代經濟發展的根本動力不是資本和勞動力，而是創新；而創新的關鍵就是知識和資訊的生產、傳播與使用。七十七年後，阿特金森（Richard D. Atkinson）與科特（Randolph H. Court）出版《新經濟指數》（The New Economy Index）一書，斷言美國新經濟的本質就是以知識及創意為本的經濟（The New Economy is a knowledge and idea based economy），新經濟（new economy）是知識經濟（Knowledge-based Economy）的同義詞，知識經濟也就是創意經濟。[31]

　　如今，迪士尼動畫不但是娛樂者、也是媒體內容，更是再造資訊的發源地，在迪士尼身上發揮的知識經濟是以腦袋裡的東西變成創意的資本，然後以點子攢錢。迪士尼產業鏈猶如一條由娛樂、媒體與資訊三者環環相扣的金鏈子，分分

---

[31] 轉引自柳士發：《實施創意世紀計畫開展創意中國行動》，文化青年網，http://youth.ccnt.com.cn/conttq.php?gname=whslywjl&id=885，2005。

秒秒不斷向外擴張，含金量已達全球第五大娛樂媒體集團。
（見表2）

## 一、迪士尼樂園

目前迪士尼共有四處迪士尼樂園與一處沃爾特・迪士尼
世界，2004年全球遊客共計三千萬人次。

1. 加州迪士尼樂園 Disney（美國加州洛杉磯，1955）包
括 Disneyland Park , Disney's California Adventure Park
兩個主題公園。

2. 沃爾特・迪士尼世界 Walt Disney World（美國佛羅里
達州奧蘭多，1971）包括 Magic Kingdom, EPCOT,
Disney-MAG Studio, Animal Kingdom 四個主題公園。

3. 東京迪士尼樂園 Tokyo Disney（日本東京，1983）包
括 Tokyo Disneyland Park、Tokyo DisneySea Park 兩個
主題公園。

4. 歐洲迪士尼樂園 Disneyland Paris（法國巴黎，1992）
包括 Disneyland Park , Walt Disney Studio Park 兩個主
題公園。

5. 香港迪士尼樂園 Disneyland Honk Kong（中國香港，
2005）目前只有 Disneyland Park 一個主題公園。

　　迪士尼樂園的創建靈感是在動畫中遊戲，而遊戲[32]正是迪士尼商品「快樂」的載體。

　　儘管奇幻王國（Magic Kingdom）的設計經常推陳出新，六位公主的項目一直魅力無窮，包括白雪公主的驚奇冒險（Snow White's Scary Adventure）、灰姑娘城堡（Cinderella's Castle）、灰姑娘旋轉木馬（Cinderella's Golden Carousel）、灰姑娘慶祝舞會（Cinderella's Surprise Celebration）、睡美人城堡（Sleeping Beauty Castle）、聽貝兒講故事（Story Time with Belle）、美女與野獸音樂劇（Beauty and the Beast－Live on Stage）、瘋狂茶杯舞會（Mad Tea Party）、阿拉丁飛毯（The Magic Carpet of Aladdin）、小美人魚音樂劇（Voyage of the little Mermaid）、艾麗兒海底洞（Ariel's Grotto）……當我們站在美國佛羅里達州奧蘭多的沃爾特·迪士尼世界中，會發現百分九十五以上的遊客是家庭成員，他們是年輕夫婦帶著幼童；中年夫婦帶著青春期孩子，以及一對對高齡七十以上的老夫婦相互扶持而來，沒有晚輩陪同。一代代消費者一生中多次進入迪士尼樂園花錢體驗快樂是什麼，其實是花錢購買迪士尼提供的經驗和機會，幼童在其中創造回憶；成人則回到童年回憶。

---

[32] 此處指廣義的娛樂專案，非網路遊戲。

表 2　迪士尼產業鏈：娛樂、媒體資訊、環環相扣

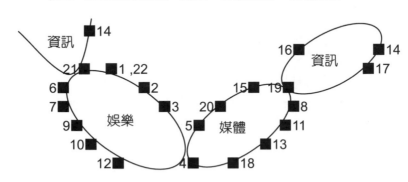

■1　　1955迪士尼樂園（美國加州）
■2　　1971沃爾特・迪士尼世界（美國弗羅里達州）
■3　　1983東京迪士尼樂園（日本）
4■　　1983迪士尼頻道
5■　　1985家庭錄影帶
6■　　1987迪士尼商店
7■　　1985迪士尼－米高梅片廠主題樂園
■8　　1991收購雜誌：《家庭歡樂》（Family Fun）
9■　　1991音樂劇《美女與野獸》,後有《獅子王》、《阿依達》
10■　　1992歐洲迪士尼樂園（法國巴黎）
■11　　1993收購獨立製片公司：米拉麥克斯 Miramax
12■　　1994收購百老匯劇院：阿姆斯特丹劇院
■13　　1995收購電視網：美國廣播公司 ABC、網路電視 ESPN
■14　　1996網站 www.disney.com
15■　　1997收購唱片公司：Mammoth Records
16■　　1997網站 Disney Blast Online
■17　　1998收購門戶網站：Infoseek
■18　　1998收購電臺：已達三十家
19■　　1998收購網站：LIFE、A&E、History、E!娛樂電視、Toon Disney
20■　　1998數位付費電視
21■　　2005香港迪士尼樂園（中國香港）
22■　　2006收購 Pixar 動畫工作室

## 二、迪士尼商店

　　今天迪士尼擁有的不只是動畫與樂園，而是一圈迪士尼產業鏈，關鍵就在 1984 年邁克爾・艾斯納入主迪士尼擔任首席執行官後進行拓展品牌的春秋大業。根據艾斯納在《高感性事業》直言他拓展迪士尼品牌的三大步驟是：迪士尼商店、迪士尼頻道、歌劇院。[33]

　　最早的迪士尼商店開設於 1987 年，當時迪士尼上下沒有人有對它有信心，只是試探性地將它開設在加州迪士尼樂園附近城市的商業區中，並在舊金山市漁人碼頭與加州橘郡再開兩家，然後靜靜觀察，結果顯然蘊含巨大商機，於是在短短三年內就連開了七十家店，當時的調查顯示：一千四百萬顧客至少光臨過一家迪士尼商店。

　　1993 年，迪士尼進行第二代商店改造，實施賣場分區。其實，這個計畫區隔的不是商品，而是目標群（target）。迪士尼將目標群大分為三類，除了原本的小孩外，加進了成年人與收藏者兩類，企圖擴大消費群，改變消費行為。於是，當小女孩愛不釋手拿著灰姑娘皇冠時；不遠處的大姐姐正在選購作為禮物的米老鼠巧克力；年輕媽媽則徘徊於純銀餐具

---

[33]　邁克爾・艾斯納：《高感性事業》，中信出版社，2004，頁 226-244。

玻璃櫃，那正是美女貝兒在野獸城堡所使用的銀盤、銀叉與
銀湯匙。

## 三、迪士尼頻道

　　迪士尼頻道創始於 1983 年，一開始便是一個付費的有線
電視頻道，它為迪士尼每月掙進一百萬美元，但由於老是播
放舊動畫、舊卡通與二流的迪士尼電影，不消幾個月觀眾開
始不耐。1985 年迪士尼重振旗鼓，首要工作便是更新節目內
容，除了播放新版《米老鼠俱樂部》以及音樂性節目外，最
大的動作便是製作原創的電視電影，譬如膾炙人口的《再見，
七日四日》（Goodbye, Miss Fourth of July）與《平原之家》
（Prairie Home Companion）等。

　　1990 年迪士尼為了增加到達率（reach），採用混合戰略
——取消用戶月租費，與網路運營商協定將迪士尼頻道列入
基本服務專案，迪士尼則向網路運營商收取每戶零點七五至
一美分。這個協定看似占了網路運營商的便宜，但網路運營
商卻自有算盤，結果證明這是一個雙贏協議。1994 年，全美
收看迪士尼頻道的用戶從七百五十萬增加到一千五百萬，迪
士尼與網路運營商都從中獲利不少。

## 四、歌劇院

　　1991 年《美女與野獸》一舉奪得奧斯卡最佳電影配樂與最佳歌曲獎雙料獎項，一時之間迪士尼內外都盛傳《美女與野獸》會是最理想的迪士尼品牌戲劇作品。正好迪士尼此時已經利用別的項目獲得豐厚利潤，於是在 1991 年正式對陽春白雪的百老匯進軍。

　　迪士尼進攻的方式並不是成立迪士尼劇團或是迪士尼演出公司而已，而是直接擁有劇院，此舉一出，百老匯頓起波瀾。在多方考慮後，迪士尼買下的是荒廢多時的阿姆斯特丹劇院，並準備斥資三千四百萬美元從裡到外重新裝修，但最終迪士尼只負擔了八百萬元，其餘的兩千六百萬元則說服了紐約州政府、紐約市政府共同投資，並讓他們在未來的票房上分紅。事後證明皆大歡喜，《美女與野獸》公映第一天，就賣掉了七十萬美元的票房，創下百老匯有史以來的最高記錄，阿姆斯特丹劇院的成功，讓迪士尼從大眾文化圈擠身高雅文化圈。

## 五、授權商品

　　早在 1932 年，沃爾特・迪士尼就做過一筆一本萬利的授權生意，交易的對象是一家冰淇淋公司，迪士尼公司允許對

方售出一萬隻印有米老鼠頭像的冰筒。雖然沃爾特·迪士
尼當時就有「動畫人物用於消費類產品，能夠為廠商帶來額
外收入」的觀念，但事實上，合同是在迪士尼公司急於用錢
的情況下談成的。這筆授權生意不但救了迪士尼公司自己，
接下來的兩宗生意還救了兩家瀕臨破產的公司（Ingersoll
Waterbyru 手錶、Lionel 玩具火車）[34]。這三筆交易最重要的
意義在於開啟了一種當時屬於另類的利潤模式，以迪士尼的
品牌來交換授權金，認定迪士尼品牌是一種資產，這種行銷
觀念超越了當時的時代性。

　　1984 年艾斯納入主迪士尼之前，授權專案雖然每年為公
司帶來一億美元的利潤，但業務一直是被動的；之後迪士尼
將許可經營變調為主動出擊，並提高授權商品的質量，反而
讓迪士尼收取的專利使用費有了一個飛越。在迪士尼商店
中，貼上迪士尼六位公主頭像的商品琳琅滿目，不論橡皮擦、
九孔冊、浴巾、棒棒糖、鬧鐘……都印上迪士尼商標，看起
來像是迪士尼出品的商品，其實迪士尼並未出資設廠、購買
原料、印刷、開模與製造，頂多承擔行銷與部份設計的責任，
卻能坐享豐厚授權金以及銷售提成的獲利，這就是迪士尼品
牌的價值。

---

[34] 邁克爾·艾斯納：《高感性事業》，中信出版社，2004，頁 224-225。

## 六、家庭錄影帶

　　艾斯納清楚地抓住八十年代中期美國趨勢預言家費恩‧波普康（Faith Popcorn）斷言的「保護層」概念，[35]將迪士尼定位成家庭娛樂的供應者，於是開風氣之先，大舉發行迪士尼經典動畫片的家庭錄影帶，每盒訂價二十九點九五美元。在投入七百萬美元全力促銷下，《睡美人》共售出一百三十萬盒，是之前《木偶奇遇記》的兩倍；接下來《灰姑娘》售出六百萬盒；《白雪公主與七個小矮人》五千萬盒；《夢幻曲》一千五百萬盒；《101 忠狗》一千四百萬盒與《森林王子》九百萬盒[36]等，其中光是《灰姑娘》錄影帶就獲利一億美元。

　　對迪士尼來說，這不只是開發舊資源產生新利潤，而是伸張迪士尼全球版權的大勝利。一旦錄影帶進入未能放映迪士尼動畫的國家與地區，而當作一般文化商品販售或租賃，任何一個身在亞洲或歐洲的消費者都可以在家看到幾十年前的迪士尼動畫，漸漸地，迪士尼版本就取代了童話故事書在觀眾心中的地位，有朝一日想到迪士尼樂園遊玩，並帶些紀念品回家……迪士尼動畫錄影帶儼然是迪士尼樂園的最佳銷售員。

---

[35] 意謂人們將越來越傾向於待在家中，享受家庭娛樂。
[36] 邁克爾‧艾斯納：《高感性事業》，中信出版社，2004，頁 174-177。

## 七、收購美國廣播公司

　　電視，對沃爾特・迪士尼來說，意義非比尋常。1954 年沃爾特・迪士尼就曾親自上陣主持《迪士尼樂園》節目，因為他「直覺地認識到每週一次的節目可搭建一個平臺，讓人們熟知迪士尼樂園、迪士尼電影與沃爾・迪士尼的大名」。[37]雖然他帶著濃濃的美國中西部口音，卻深受觀眾歡迎，不但最終站上黃金時段，長達二十九季，而且美國三大電視網都一同播出。當他直言電視是他直達公眾的一條途徑，[38]顯然是真誠的有感而發。

　　當時，沃爾特・迪士尼為了打造出心目中的加州迪士尼樂園，四處向銀行籌措一千七百萬美元，結果毫無所獲，不得已只好將目光轉向年輕的電視網尋求協助，他運用自己的知名度向電視網開出條件：誰想每週播出一集迪士尼電視劇，就必須投資迪士尼樂園。結果美國國家廣播公司與哥倫比亞廣播公司一口回絕，美國廣播公司（ABC）在競爭心切的情況下，願意投資五十萬美元（得到迪士尼百分之三十四股份），並提供四百五十萬美元貸款給迪士尼；迪士尼方面則

---

[37] 轉引自邁克爾・艾斯納：《高感性事業》，中信出版社，2004，頁 134。
[38] 自邁克爾・艾斯納：《高感性事業》，中信出版社，2004，頁 134。

每週製作一部長達六十分鐘的迪士尼電視節目在美國廣播公司。這種方式正是如今的協同銷售（synergy），這在五十年代實屬創舉。當其他電影公司還在提防來自電視的競爭時，沃爾特·迪士尼卻利用了電視。

　　沃爾特·迪士尼於五十年代靠直覺引導的經營方向，如今看來卻完全吻合後現代文化產業的行銷策略——取消壁壘分明，進行協同銷售，橫向嫁接，異業結合。2001 年成立的迪士尼公主將六位公主悄悄崁入大眾女性的心田，手段是徹徹底底將公主偶像化、世俗化、商品化，將公主從故事書的文字轉化成視覺，再營造成空間，也就是將讀者變成觀眾，再變身遊客。公主是個人形，她在動畫中表演；也活躍在公主商品上；再由真人扮演公主走出螢幕，讓小女孩體驗和公主接觸的瞬間；舉辦公主學院，教小女孩宮廷禮儀；舉行公主選美，讓小女孩穿著公主裙在舞臺上表演才藝；然而這一切發生在現實世界，也發生在虛擬世界中。就像《迪士尼公主》月刊標榜的廣告詞「每個女孩都能是公主！」（Every girl can be a Princess），這意味著：公主雖是偶像，但我就是偶像，因為我就是公主。迪士尼將公主塑造成既高貴又平民化；既菁英又波普（pop）；既無價又是商品；既是商品又是藝術；既具高身價又有促銷價；既是物也是人；既是人又有品牌；既是世上唯一又大量複製；既血統純正又被冒充扮演；既遙不可及又觸手可及；既是夢想又可實現；既是虛擬又是現實；

既是杜撰又有根據；既被崇拜又自戀；既被保護又被利用；
既是平面人物又由真人扮演；既是真人又是單向度的人；既
是主體又淪為客體；既想獨立自主又想嫁入皇室；既有想法
又想靠身體；既贏女孩的心又賺女人的錢；在動畫中是無產
者，一年卻掙了二十四億美元[39]……迪士尼公主看起來天真無
邪，其實不簡單。

作為商品的迪士尼公主猶如搖錢樹，因為一登場就緊抓
住觀眾的眼球、遊客的注意力。一本名為《注意力經濟》（The
Attention Economy：Understanding the New Currency of
Business）的書在 2001 年問世，兩位管理學教授達文・波特
（Thomas H. Davenport）和約翰・貝克（John C. Beck）定義
注意力為對某條特定資訊的精神集中。當各種資訊進入我們
的意識範圍，我們關注其中特定的一條，然後決定是否採取
行動。他們認為注意力是網路空間的硬通貨，但不是所有眼
球都生而平等，有價值的眼球是口袋裡有錢的人。[40]此書一
出，注意力經濟一詞多了「眼球經濟」的俗稱，也不再局限
於網路行銷，而泛指所有吸引眼球的商業活動，銷售讓消費
者目不轉睛，進而買單的商品，但這種商品有個特性，即圖
像性勝過文字性。阿萊斯・艾爾雅維茨（Ales Erjavec）在《圖

---

[39] 2003 年「迪士尼公主」品牌全商品全球營業額。
[40] 湯瑪斯・達文波特、約翰・貝克：《注意力經濟》，中信出版社，2004，
頁 147。

像時代》（Toward The Image）認為：西方文明從一開始就沾染了視覺和視覺中心主義（ocularcentrism）的印跡，而當代全球社會重要特徵之一就是藝術與文化的圖像轉向（pictorial turn）論題，越來越多人從不閱讀，只是看看圖畫而已，也就是滿足眼睛。在書中他引述了弗雷德里克・傑姆遜（Fredric Jameson）在《後現代主義或晚期資本主義的文化邏輯》（Postmodernism, or , The Culture Logic of Late Capitalism）談到符號在現實主義、現代主義和後現代主義三者的變化，傑姆遜認為：後現代主義中具體滲透到符號自身並把「能指」與「所指」分開，指稱過程與所指對象一起消失，甚至意義（所指）也變成了問題。[41]按此說，作為偶像商品的迪士尼公主不但是個符號，一種與所指沒有關係的符號，公主影像還創造了自身的現實，一種充當所指的現實。

　　儘管後現代主義文化被大加批判，然而「這種文化的產業性或大眾的一面，從出現至今已滲透整個世界⋯⋯文化產業已日益變成了視覺文化產業。」[42]在迪士尼商店裡找不到一本純文字的書，書已經不是文字的載體而已，而是整個文化產業鏈的其中一環，一個媒介，一種形式，而題材就是六位公主。小美人魚的形象在椅墊上巧笑倩兮，在電玩中游來游

---

[41] 轉引自阿萊斯・艾爾雅維茨：《圖像時代》，吉林人民出版社，2003，頁29。
[42] 阿萊斯・艾爾雅維茨：《圖像時代》，吉林人民出版社，2003，頁33。

去，在選美舞臺上儀態萬千。孩子們的閱讀以看圖為主，讀字為輔，她們平生第一次接觸的小美人魚，就是迪士尼設計的形象，完全不必動用自己的想像力，只需借用迪士尼男動畫師的想像力。看來我們上一代、這一代、下一代全被迪士尼產業鏈套住了，身為女性要如何逃脫？

# 結論

　　儘管蘿拉‧莫爾維於 1973 年在《視覺快感與敘事性電影》批判男性主導視覺快感，使得女性淪為男性欲望的客體，成為被看的對象；但是八年後，她在《莫爾維關於〈太陽浴血記〉——對〈視覺快感與敘事性電影〉的進一步思考》卻反向研究女性觀眾是否被影片文本牽著走？她說道：女性「發現自己與消費快感、男性化觀看位置如此不協調，還是發現自己和男主角的認同正秘密地、無意識地一致？」[1]

　　無獨有偶，波伏娃也有自省式見解。波伏娃在《第二性》上卷《事實與神話》中，對男性中心主義、父權社會嚴加批判；但在下卷《當代女性》卻筆鋒一轉，對女性甘願作為一個客體與他者，毫不留情地譏諷與責難。她認為：「女性確實沒有表現出主體的態度，她們所有的僅僅是男人賜予給她們的，她們什麼也沒爭取，只是在接受」[2]；「巨大的社會壓

---

[1]　蘿拉‧莫爾維：《莫爾維關於〈太陽浴血記〉——對〈視覺快感與敘事電影〉的進一步思考》，《電影與新方法》，中國廣播電視出版社，1992，頁 225。

[2]　西蒙娜‧德‧波伏娃：《第二性》，中國書籍出版社，2004，頁 7。

力仍在強迫她通過婚姻謀求社會地位與合法庇護,當然她也不想靠自己努力去創造她在世界的地位,即使想也是膽怯的。」[3]儘管波伏娃的觀察來自 1949 年的社會,但二十一世紀的現狀顯然沒有改變,她斷言女性的內心想法是:「若不想成為他者,不想成為交易的一方,對女人來說意味著要放棄和男人這個優越等級結盟所帶來的種種好處。」[4]

的確,女性與男性一樣,把迪士尼公主做為觀看對象,並從中得到窺視快感,並因為鎖在迪士尼生活圈中,出於對公主形象的認同,無意識地大量消費公主商品。按照波伏娃的說法,這一切都是男性要女性共謀[5]的結果,而女性也真的與之共謀了。

猶如黑格爾(G. W. F. Hegel,1770－1831)辯證法的反思(nachdenken)[6],女性返回自身做向內性的回溯,一在自身中反思,將女性自身看成對象;一在他物中反思,把對象看成自己。誠然,迪士尼公主被利用,造成女性群體自我意識的分裂,她讓精英女性覺醒,卻讓大眾女性沉迷做夢,精英女性與大眾女性兩者對立,使得女性自身產生內在矛盾。然而黑格爾認為:一切事物本身都自在地是矛盾的,任何事

---

[3]　西蒙娜・德・波伏娃:《第二性》,中國書籍出版社,2004,頁 352。
[4]　西蒙娜・德・波伏娃:《第二性》,中國書籍出版社,2004,頁 9。
[5]　參考西蒙娜・德・波伏娃:《第二性》,中國書籍出版社,2004,頁 9。
[6]　參考鄧曉芒:《黑格爾辯證法演講錄》,北京大學出版社,2005,頁 162-166。

物都有否定性的一面，這是一種「非存在」形式，肯定與否定既是對立的，也是同一的，對立的一面不僅僅是兩個中的一個，而是對立面的一個對立面，矛盾就是對立面的統一，自相矛盾的東西其實並不消解為零，並非全盤否定，否定即肯定，肯定中有否定。[7]這種辯證的否定，黑格爾稱之為「揚棄」（aufheben）——被揚棄的東西一方面被終止不用，一方面又被保存起來，也就是擱置。黑格爾相當自豪德語中很多詞本身就具有辯證性，可以從相反的方向去理解。[8]

　　照此說，精英女性回頭對大眾女性的否定，是一種自否定，是女性自身的肯定與否定互相遭遇。精英女性甦醒，才驚覺大眾女性依然沉睡；大眾女性沉醉，才顯得精英女性清醒。不論是肯定物還是否定物，皆是女性自身，女性的自否定是自己否定自己，而非由其他東西來否定，所以這個自己被保存下來，而非誰消滅了誰。精英女性的崇高反對了大眾女性的品味；大眾女性的世俗也終結了精英女性的理想，但是兩者互相將對立的一方保存下來，精英女性與大眾女性並非勢不兩立，而是同時存在，對立並且統一，才之為女性。

　　其實，精英女性與大眾女性的對壘，明顯反映出精英文化與大眾文化的歷史衝突，也就是文化自身的矛盾。在對峙

---

[7]　參考楊壽堪：《黑格爾哲學概論》，福建人民出版社，1986，頁 138-150。
[8]　轉引自鄧曉芒：《黑格爾辯證法演講錄》，北京大學出版社，2005，頁 84。

歷史中，女性意識一向被歸屬為精英文化，是精英女性獨立人格的智慧產物，而且是其獨家所擁有。正因如此，女性意識始終無法植入大眾女性的心田，即便是後現代文化已消解了精英文化與大眾文化的藩籬，也未能協助女性主義思想打進大眾文化圈。不禁問：為什麼女性意識不能是大眾文化的表述內涵？今天，藝術已經自在地從博物館走進市集，藝術從過去作為精英份子的審美對象，搖身一變成為普羅大眾的休閒內容，「為藝術而藝術」變成「作為商品的藝術」，蘇富比（Sotheby's）、佳士得（Christie's）拍賣了藝術，卻創造了行情讓藝術生存下來；再則，羅浮宮大排長龍；百老匯座無虛席，大部分的普通觀眾都能心領神會畢卡索《格爾尼卡》（Gucrnica）的反戰與自由；雨果《悲慘世界》（Les Miserables）的反封建與平等，但對女性意識作品始終心懷忐忑，即使後現代文化已沒有高雅與通俗之別，女性意識仍然被貼上曲高和寡的標籤。長期以來，藝術與商業的鬥爭將性別意識之爭多少牽扯進去，但是藝術與商業如今已和平共處，並且互利互惠，女性意識的吶喊卻被這場藝術與商業的正反合給淹沒了。大眾女性歡迎精英文化與高雅藝術進入她的休閒生活，卻將女性意識過濾在門外而不敢接見。

　　如果女性自身的矛盾真如黑格爾辯證法的規律，在肯定（正）、否定（反）、否定的否定（合）的辯證過程中，會靠

著自由意志不斷超越自己，否定的目的性將使得女性實現出潛能中的他物……那麼，如今的女性自身實現出來的究竟是何物？若我們認同黑格爾的斷言——「凡是合理的就是現實的；凡是現實的就是合理的」，也該弄清楚女性自身的現實是什麼。

　　大眾女性之所以與男性共謀，是因為沒有意識什麼是共謀，不知道喜歡《小美人魚》電影音樂《大海深處》（Under the Sea）或是為《美女與野獸》的故事感動……這些行為、態度與共謀並無差別。大眾女性欠缺成熟的女性意識，不知道什麼是性別歧視？什麼是父權社會？自己有沒有女性自覺？當女性主義回頭批判大眾女性不該與男性共謀之際，反而讓我們認清女性面對的現實：儘管第一次婦女解放運動距今已近百年，然而女性意識的發展卻始終停滯不前，若與同時期發生的達達主義（Dadaism，1913）相比，達達主義以反藝術口號百年來連續啟發了現代藝術、後現代藝術，甚至當今的文化創意產業也受到影響，然而女性意識至今仍然是株幼芽，如今委身在二十一世紀的文化商品中，繼續自己的啟蒙階段。

# 致謝與後記

此書為 2006 年碩士論文，原名《迪士尼公主：讓女性自覺也讓女性沉睡》，感激北京大學藝術學院副院長彭吉象教授的啟發，短短的一句「開一個小口，鑿深一點兒。」就是我得到的最佳研究方法，慢慢指引我將世俗研究上升到理論的高度。

另外，由於圖片版權顧慮，作者於美國佛羅里達州 Walt Disney World 親自拍攝的精彩照片未能與讀者分享，深表遺憾與歉意。

# 參考文獻

## 一、影像文獻

### 《迪士尼動畫》

| 英文原名 | 中文譯名 | 上映日期 |
|---|---|---|
| Snow White And The Seven Dwarfs | 白雪公主與七個小矮人 | 1937 年 12 月 21 日 |
| Cinderella | 灰姑娘 | 1950 年 2 月 15 日 |
| Cinderella II: Dreams Come True | 灰姑娘 2：美夢成真 | 2002 年 |
| Sleeping Beauty Special Edition | 睡美人 | 1959 年 1 月 29 日 |
| The Little Mermaid | 小美人魚 | 1989 年 11 月 17 日 |
| The Little Mermaid II: Return To The Sea | 小美人魚 2：重返大海 | 2000 年 |
| Beauty And The Beast: Special Edition | 美女與野獸 | 1991 年 11 月 22 日 |
| Beauty And The Beast: The Enchanted Christmas Special Edition | 美女與野獸 2：貝兒的心願 | 2002 年 |
| Aladdin Special Edition | 阿拉丁 | 1992 年 11 月 25 日 |
| Return of Jafar | 阿拉丁 2：賈方復仇記 | 1994 年 |

《安徒生傳之童話王國》（Hans Christian Andersen）（上、下）
《安徒生童話之人魚公主》（The Little Mermaid）

# 二、中文參考文獻

樂黛雲：《比較文學簡明教程》，北京大學出版社，2004。

亞瑟・阿薩・伯傑：《通俗文化、媒介和日常生活中的敘事》，
　　南京大學出版社，2000。

邁克爾・艾斯納：《高感性事業》，中信出版社，2004。

雪登・凱許登：《巫婆一定得死──童話如何形塑我們的性格》，
　　張老師文化出版公司，2004。

西格蒙德・佛洛伊德：《精神分析導論演講新篇》，國際文化出
　　版社，2000。

西格蒙德・佛洛伊德：《性學三論・愛情心理學》，太白出版社，
　　2005。

西蒙娜・德・波伏娃：《第二性》，中國書籍出版社，2004。

維瑞娜・卡斯特：《童話治療》，麥田出版社，2004。

邁克爾・S・特魯普：《佛洛伊德》，中華書局出版社，2003。

卡爾・榮格主編：《人及其象徵》，立緒出版社，2002。

貝蒂・弗里丹：《女性的奧秘》，廣東經濟出版社，2005。

羅斯瑪麗・派特南・童：《女性主義思潮導論》，華中師範大學
　　出版社，2002。

孟悅、戴錦華：《浮出歷史地表》，中國人民大學出版社，2004。

彭吉象：《影視美學》，北京大學出版社，2002。

蘿拉·莫爾維：《視覺快感與敘事電影》，《電影與新方法》，中國廣播電視出版社，1992

佛吉尼亞·伍爾夫：《佛吉尼亞·伍爾夫文集：論小說與小說家》，上海譯文出版社，2000。

丹·阿克夫：《兒童行銷》，商周出版社，2002。

〔日〕福原泰平：《拉康——鏡像階段》，河北教育出版社，2002。

黃宗慧：《你不看她她在嗎？以〈天龍八部〉中段正淳身邊的女性為例談自戀、戀物、攻擊慾》，臺北漢學中心「金庸小說國際學術研討會」，1998。

莫瑞·史坦：《榮格心靈地圖》，立緒文化公司，2003。

湯瑪斯·達文波特、約翰·貝克：《注意力經濟》，中信出版社 2004。

阿萊斯·艾爾雅維茨：《圖像時代》，吉林人民出版社，2003。

傑姆遜：《後現代主義與文化理論》，北京大學出版社，1997。

B·約瑟夫·派恩、詹姆斯·H·吉摩爾：《體驗經濟》，機械工業出版社，2004。

蘿拉·莫爾維《莫爾維關於〈太陽浴血記〉——對〈視覺快感與敘事電影〉的進一步思考》，《電影與新方法》，中國廣播電視出版社，1992。

鄧曉芒：《黑格爾辯證演講錄》，北京大學出版社，2005。

楊壽堪：《黑格爾哲學概論》，福建人民出版社，1986。

## 三、英文參考文獻

Vladimir Propp, Morphology of the Folktale, University of Texas Press, 1968.

Jacob and Wilhelm Grimm, "Little Snow－white", 1884, http://www.ucs.mun.ca/－wbarker/fairies/grimm/053.html.

Charles Parrault, "Cinderella", 1696, http://216.109.125.130/search/cache?p=++charles+perrault++cinderella+or+the+little+grass+slipper&ei=UTF-8&fl=0&u=brebru.com/webquests/fairytales/cindy.html&w=charles+perrault+cinderella+little+grass+slipper&d=7984BF4772&icp=1&.intl=us.

Charles Perrault, "The Sleeping Beauty in the Woods", 1696, http://acacia.pair.com/Acacia.Vignettes/Happily.Ever.After/Sleeping.Beauty.html.

Hans Christian Anderson, "The little Mermaid", 1837, http://hca.gilead.org.il/li_merma.html.

Madame Leprince de Beaumont, "Beauty and the Beast", 1756, http://www.balletmet.org/Notes/StoryOrigin.html#anchor216012;

Madame Leprince de Beaumont, "Aladdin and the Wonderful Lamp", One Thousand and One Nights, http://www.pagebypagebooks.com/Unknown/Aladdin_and_the_Wonderful_Lamp/Aladdin_and_the_Wonderful_Lamp_p1.html.

Disney Institute, Be Our Guest, Disney Institute, 2001.

Elizabeth Bell, Lynda Hass, and Laura Sells, From Mouse to Mermaid: The Politics of Film, Gender, and Culture, Indiana University Press, 1995.

Fox, Lauren A., "Disney's magic: Dispelling the myth of the new heroine in Disney's animated fairy tales", Dissertation of Master Degree, Southern Connecticut State University, 1999.

Jack Zipes, "Breaking the Disney Spell", From Mouse to Mermaid: The Politics of the Film, Gender, and Culture, Indiana University Press, 1995.

Laura Sells, "Where does the mermaid stand?", From Mouse to Mermaid: The Politics of the Film, Gender, and Culture , Indiana State University Press, 1995.

Leonard Maltin, The Disney Films, Hyperion, 1995.

Marie Hammontree, Walt Disney, Aladdin Paperbacks, 1997.

Urtheil, Heather Leia, "Producing the Princess Collection: An historical look at the animation of a Disney Heroine", Dissertation of Master Degree ，Emory University, 1998, http://www.balletmet.org/Notes/StoryOrigin.html#anchor2160 12; http://disney.store.go.com/DSSectionPage.process？ Merchant_Id=2&Section_Id=13925&CLK=DS_13895_NAVL 2P3_TXT; http://destinations.disney.go.com/parksandresorts/ index.

社會科學類　PF0056

# 迪士尼公主與女生的戰爭

作　　者 / 梁庭嘉
責任編輯 / 林泰宏
圖文排版 / 陳宛鈴
封面設計 / 蕭玉蘋

發 行 人 / 宋政坤
法律顧問 / 毛國樑　律師
出版發行 / 秀威資訊科技股份有限公司
　　　　　114 台北市內湖區瑞光路 76 巷 65 號 1 樓
　　　　　電話：+886-2-2796-3638　傳真：+886-2-2796-1377
　　　　　http://www.showwe.com.tw
劃撥帳號 / 19563868　戶名：秀威資訊科技股份有限公司
　　　　　讀者服務信箱：service@showwe.com.tw
展售門市 / 國家書店（松江門市）
　　　　　104 台北市中山區松江路 209 號 1 樓
　　　　　電話：+886-2-2518-0207　傳真：+886-2-2518-0778
網路訂購 / 秀威網路書店：http://www.bodbooks.tw
　　　　　國家網路書店：http://www.govbooks.com.tw

2010 年 12 月 BOD 一版
定價：180 元

國家圖書館出版品預行編目

迪士尼公主與女生的戰爭 / 梁庭嘉著. -- 一版.
-- 臺北市：秀威資訊科技, 2010. 12
面； 公分. -- (社會科學類；PF0056)
BOD 版
參考書目：面
ISBN 978-986-221-664-4(平裝)


1. 品牌 2. 女性心理學 3. 女性主義

496.14                                   99021055

# 讀 者 回 函 卡

感謝您購買本書，為提升服務品質，請填妥以下資料，將讀者回函卡直接寄
回或傳真本公司，收到您的寶貴意見後，我們會收藏記錄及檢討，謝謝！
如您需要了解本公司最新出版書目、購書優惠或企劃活動，歡迎您上網查詢
或下載相關資料：http:// www.showwe.com.tw

您購買的書名：＿＿＿＿＿＿＿＿＿＿＿＿＿＿＿＿＿＿＿＿＿＿＿

出生日期：＿＿＿＿＿年＿＿＿＿＿月＿＿＿＿＿日

學歷：□高中 (含) 以下　　□大專　　□研究所 (含) 以上

職業：□製造業　□金融業　□資訊業　□軍警　□傳播業　□自由業
　　　□服務業　□公務員　□教職　　□學生　□家管　　□其它＿＿＿

購書地點：□網路書店　□實體書店　□書展　□郵購　□贈閱　□其他

您從何得知本書的消息？

　□網路書店　□實體書店　□網路搜尋　□電子報　□書訊　□雜誌

　□傳播媒體　□親友推薦　□網站推薦　□部落格　□其他＿＿＿＿＿

您對本書的評價：（請填代號　1.非常滿意　2.滿意　3.尚可　4.再改進）

　封面設計＿＿＿　版面編排＿＿＿　內容＿＿＿　文／譯筆＿＿＿　價格＿＿＿

讀完書後您覺得：

　□很有收穫　□有收穫　□收穫不多　□沒收穫


對我們的建議：＿＿＿＿＿＿＿＿＿＿＿＿＿＿＿＿＿＿＿＿＿＿＿

＿＿＿＿＿＿＿＿＿＿＿＿＿＿＿＿＿＿＿＿＿＿＿＿＿＿＿＿＿＿＿＿

＿＿＿＿＿＿＿＿＿＿＿＿＿＿＿＿＿＿＿＿＿＿＿＿＿＿＿＿＿＿＿＿

＿＿＿＿＿＿＿＿＿＿＿＿＿＿＿＿＿＿＿＿＿＿＿＿＿＿＿＿＿＿＿＿

11466
台北市內湖區瑞光路 76 巷 65 號 1 樓

**秀威資訊科技股份有限公司** 　　收
　　　　　　　BOD 數位出版事業部

·····························································································

（請沿線對折寄回，謝謝！）

姓　　名：＿＿＿＿＿＿＿＿　年齡：＿＿＿＿　性別：□女　□男

郵遞區號：□□□□□

地　　址：＿＿＿＿＿＿＿＿＿＿＿＿＿＿＿＿＿＿＿＿＿＿＿＿

聯絡電話：(日)＿＿＿＿＿＿＿＿＿＿(夜)＿＿＿＿＿＿＿＿＿＿

E-mail：＿＿＿＿＿＿＿＿＿＿＿＿＿＿＿＿＿＿＿＿＿＿＿＿